Chandrashekhar Jawalkar
Tarun Kumar Arora

# Melhoria do acabamento da superfície e da microdureza através de polimento sequencial

Chandrashekhar Jawalkar
Tarun Kumar Arora

# Melhoria do acabamento da superfície e da microdureza através de polimento sequencial

ScienciaScripts

**Imprint**
Any brand names and product names mentioned in this book are subject to trademark, brand or patent protection and are trademarks or registered trademarks of their respective holders. The use of brand names, product names, common names, trade names, product descriptions etc. even without a particular marking in this work is in no way to be construed to mean that such names may be regarded as unrestricted in respect of trademark and brand protection legislation and could thus be used by anyone.

Cover image: www.ingimage.com

This book is a translation from the original published under ISBN 978-620-2-05827-8.

Publisher:
Sciencia Scripts
is a trademark of
Dodo Books Indian Ocean Ltd. and OmniScriptum S.R.L publishing group

120 High Road, East Finchley, London, N2 9ED, United Kingdom
Str. Armeneasca 28/1, office 1, Chisinau MD-2012, Republic of Moldova, Europe
Printed at: see last page
**ISBN: 978-620-7-86347-1**

# RESUMO

O acabamento e a dureza da superfície dos componentes desempenham um papel muito importante na melhoria da qualidade dos produtos. Um dos processos de acabamento que envolve a deformação plástica da superfície e introduz tensões residuais de compressão, melhorando assim o acabamento da superfície, é o "polimento". O polimento é um processo de maquinagem sem aparas que pode ser utilizado para melhorar a rugosidade e a dureza da superfície de quaisquer peças metálicas.

O polimento é um método muito simples e eficaz para melhorar o acabamento da superfície e pode ser efectuado utilizando máquinas existentes, como o torno. Devido à sua elevada produtividade, também permite poupar mais nos custos de produção do que outros processos convencionais, como o superacabamento, a afiação e a retificação; além disso, as superfícies polidas têm uma elevada resistência ao desgaste e uma melhor vida à fadiga.

Neste estudo, o processo de brunimento foi demonstrado com alguns objectivos em mente, sendo o primeiro e mais importante a "conceção e desenvolvimento" de uma ferramenta adequada, seleccionando materiais, dimensões e processos apropriados, de modo a que seja simples, mais barata e consuma o mínimo de tempo com um custo mínimo. A ferramenta desenvolvida pode ser utilizada em máquinas-ferramentas convectivas como o torno. A ferramenta inovadora desenvolvida pode ser utilizada para dois objectivos, ou seja, o processo de polimento com esferas e o polimento com rolos sequencialmente na mesma passagem. Esta opção aumenta a flexibilidade da ferramenta e permite-nos efetuar ambos os processos quase em simultâneo.

A investigação foi também iniciada com o objetivo de investigar o polimento com esferas, com rolos e combinado, através de experiências em amostras de aço macio, de modo a encontrar os parâmetros do processo e comparar os resultados obtidos. Para o efeito, foi utilizada a matriz ortogonal de Taguchi (OA), L9, em que as experiências são realizadas em três níveis diferentes, utilizando parâmetros de processo como: velocidade do fuso, taxa de avanço e passagens.

A rugosidade da superfície e a microdureza foram os principais parâmetros de resposta investigados. Os resultados mostraram uma melhoria nos valores de desempenho da rugosidade superficial e da microdureza.

# RECONHECIMENTO

O autor (Dr. C.S. Jawalkar) agradece ao seu co-investigador e coautor Tarun Kumar Arora (estudante de mestrado) pelo trabalho árduo e pela dedicação que levaram à conclusão deste trabalho dentro do prazo estipulado. Os autores agradecem ao pessoal do laboratório, principalmente a Jasbir Singh, pelo seu apoio contínuo.

Os nossos sinceros agradecimentos aos membros da família pelo seu apoio incansável, aos pais pelos seus votos e ao Todo-Poderoso pelas suas bênçãos. Uma palavra de agradecimento e de sincera gratidão a todos aqueles que, direta ou indiretamente, contribuíram para a realização deste trabalho.

# ORGANIZAÇÃO DO TRABALHO

Capítulo 1:

Apresenta o processo de brunimento, a sua classificação, bem como os seus pormenores e vantagens.

Capítulo 2:

Apresenta o levantamento bibliográfico e as lacunas do trabalho de investigação sobre polimento.

Capítulo 3:

Trata-se da conceção e desenvolvimento de uma ferramenta de polimento inovadora com múltiplas opções de polimento com esferas, rolos e combinado.

Capítulo 4:

Explica a formulação do problema, as investigações necessárias e os objectivos do trabalho de investigação proposto.

Capítulo 5:

Introduz o projeto e a análise experimental, juntamente com a introdução à filosofia de Taguchi e dá uma ideia e um conceito das matrizes ortogonais.

Capítulo 6:

Neste capítulo, explica-se a configuração, a seleção de parâmetros, a sua gama e a otimização. Também trata do esquema das experiências e da tabulação dos resultados experimentais.

Capítulo 7:

Neste capítulo, a análise e a discussão dos resultados são apresentadas. Correlaciona o efeito de vários parâmetros, tais como a velocidade, o avanço, os passes em espécimes de aço macio utilizando a ferramenta de polimento. Neste capítulo, são apresentados os resultados experimentais e os gráficos, bem como as interpretações e as imagens do trabalho efectuado.

Capítulo 8:

O capítulo 9 apresenta as conclusões do estudo e os objectivos futuros, seguidos das referências bibliográficas.

**O trabalho de investigação centrou-se nos seguintes aspectos:**

- Conceção e desenvolvimento de uma ferramenta de polimento inovadora.

- Desenvolvimento de uma instalação experimental num torno convencional (marca: HMT, Índia)

- Estudo experimental do efeito de vários parâmetros do processo nas características de desempenho utilizando o projeto de experiências de Taguchi (L9 OA)

- Estudo do acabamento superficial, microdureza superficial das superfícies acabadas para os processos de brunimento com esferas, com rolos e combinado.

# ÍNDICE


| | |
|---|---|
| CAPÍTULO 1 | 7 |
| CAPÍTULO 2 | 13 |
| CAPÍTULO 3 | 17 |
| CAPÍTULO 4 | 23 |
| CAPÍTULO 5 | 25 |
| CAPÍTULO 6 | 31 |
| CAPÍTULO 7 | 39 |
| CAPÍTULO 8 | 53 |

# NOMENCLATURA, UNIDADES E ACRÓNIMOS

**Parâmetro do processo de polimento:**

| S.No. | Symbol | Process Parameter | Range | Unit |
|---|---|---|---|---|
| 1 | A | Spindle Speed | 325-550 | RPM |
| 2 | B | Feed rate | 0.1-0.4 | mm/rev |
| 3 | C | Number of Passes | 1-3 | - |

**Parâmetro de resposta:**

| S.No. | Symbol | Process parameter | Units |
|---|---|---|---|
| 1 | μm | Surface roughness | Micro meter |
| 2 | $HR_B$ | Surface Hardness | Rockwell hardness |

**Acrónimos:**

RPM: Rotação por minuto

S/N: Sinal/ruído

iim: Micrómetro

HRB: Dureza da superfície

# CAPÍTULO 1

# INTRODUÇÃO

O acabamento e a dureza da superfície dos componentes desempenham um papel muito importante na melhoria da qualidade dos produtos. Um dos processos de acabamento que envolve a deformação plástica da superfície e introduz tensões residuais de compressão, melhorando assim o acabamento da superfície, é o "polimento". O polimento é um processo de maquinagem sem aparas que pode ser utilizado para melhorar a rugosidade e a dureza da superfície de qualquer peça metálica.

O polimento é um método muito simples e eficaz para melhorar o acabamento da superfície e pode ser efectuado utilizando máquinas existentes, como o torno. Devido à sua elevada produtividade, também permite poupar mais nos custos de produção do que outros processos convencionais, como o superacabamento, o brunimento e a retificação, além de que as superfícies brunidas têm uma elevada resistência ao desgaste e uma melhor vida à fadiga (Mahajan e Tajane, 2013).

## 1.1 Classificação do polimento:

1) Polimento de esferas

2) Polimento de rolos

**1.1.1 Retificação com esferas:** Neste processo, o elemento de deformação é uma esfera dura. O material utilizado para a esfera é a cerâmica de carboneto dc alumina, o carboneto cimentado, a cerâmica de nitreto de silício, a cerâmica de carboneto de silício e o aço para rolamentos. A esfera actua como ferramenta para deformar a camada superficial. Para uma determinada força normal, proporciona uma pressão específica elevada, maior resistência à fadiga, microdureza e profundidade da camada de endurecimento por trabalho, em comparação com o polimento com rolos. Como existe um atrito pontual e de rolamento entre a esfera e a peça de trabalho, a zona de deformação localiza-se adjacente à esfera na peça de trabalho. A Fig.1.1 representa o esquema do processo de brunimento com esferas. As ferramentas de polimento são agora amplamente utilizadas em aplicações não-automotivas para uma variedade de benefícios: para produzir superfícies de vedação melhores e mais duradouras; para melhorar a vida útil; para reduzir o atrito e os níveis de ruído em peças em funcionamento; e para melhorar o aspeto estético. Exemplos de tais aplicações incluem válvulas, pistões de cilindros hidráulicos ou pneumáticos, componentes de equipamento de jardinagem, veios de bombas e veios (Malleswara Rao, 2011).

Para compreender o polimento, consideremos o caso simples de uma esfera endurecida numa placa plana, como mostra a fig. 1.1. Se a esfera for pressionada diretamente contra a placa, desenvolvem-se tensões em ambos os objectos na zona de contacto. À medida que esta força normal aumenta, tanto a esfera como a superfície da placa deformam-se.

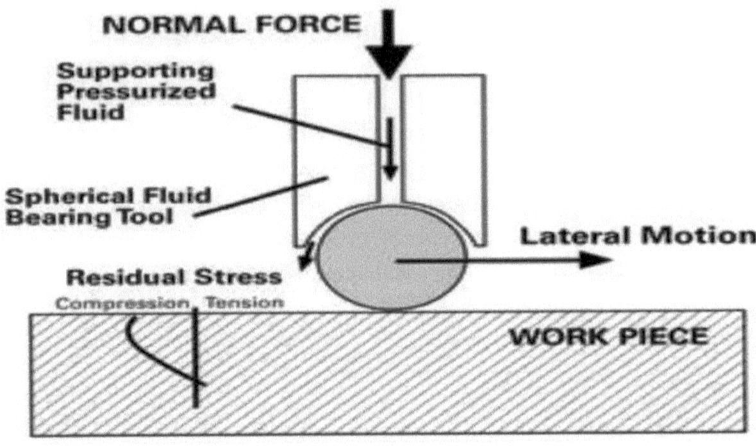


**Fig. 1.1: Processo de polimento na peça de trabalho** (Mahajan e Tajane, 2013)

A deformação causada pela esfera endurecida é diferente, dependendo da magnitude da força que a pressiona. Se a força exercida sobre ela for pequena, quando a força for libertada, tanto a esfera como a superfície da placa voltarão à sua forma original (não deformada). Neste caso, as tensões na placa são sempre inferiores à tensão de cedência do material, pelo que a deformação é puramente elástica. Como foi dado que a placa plana é mais macia do que a bola, a superfície da placa deformar-se-á sempre mais. Se for utilizada uma força maior, haverá também deformação plástica e a superfície da placa será permanentemente alterada (Kumar e Purohit). Uma indentação em forma de taça será deixada para trás, rodeada por um anel de material elevado que foi deslocado pela bola. Se a força externa sobre a bola a arrastar através da placa, a força sobre a bola pode ser decomposta em duas forças componentes: uma normal à superfície da placa, pressionando-a, e outra tangencial, arrastando-a.

À medida que a componente tangencial aumenta, a bola começa a deslizar ao longo da placa. Ao mesmo tempo, a força normal deformará ambos os objectos, tal como na situação estática. Se a força normal for baixa, a bola irá roçar na placa mas não irá alterar permanentemente a sua superfície. A ação de fricção criará atrito e calor, mas não deixará uma marca na placa. No entanto, à medida que a força normal aumenta, as tensões na superfície da placa acabam por exceder a sua tensão de cedência.

Quando isto acontece, a bola vai arar a superfície e criar uma calha atrás de si. A ação de lavrar da esfera é o brunimento. As imperfeições que se estendem acima da forma geral de uma superfície são designadas por asperezas, e podem lavrar material noutra superfície, tal como a bola a arrastar-se ao longo da placa (fig.1.2). O efeito combinado de muitas destas asperezas produz a textura manchada que está associada ao brunimento.

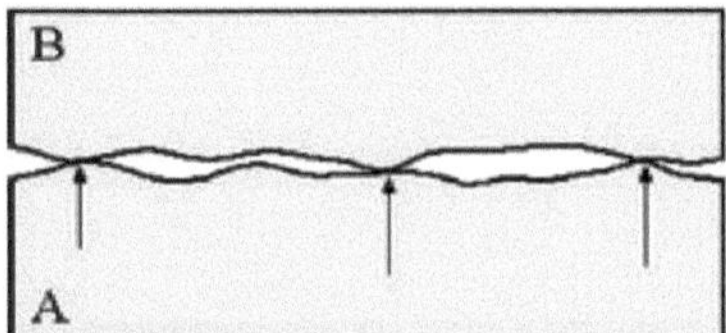


**Fig. 1.2: Asperezas no plano de trabalho**

## 1.1.2 Polimento de rolos:

Ajuda o utilizador a eliminar operações secundárias, o que lhe permite economizar tempo e custos substanciais, melhorando ao mesmo tempo a qualidade do seu produto (Hassan, 1997).

O polimento com rolos é um método de produção de uma superfície de tamanho exato, finamente acabada e densamente compactada que resiste ao desgaste. Os rolos de aço endurecido e altamente polido são colocados em contacto sob pressão com uma peça de trabalho mais macia. À medida que a pressão excede o ponto de cedência do material da peça de trabalho, a superfície é deformada plasticamente pelo fluxo a frio do material subsuperficial (Shneider, 1967).

O polimento de rolos é um processo superior de acabamento. É um processo de conformação a frio que dá melhores resultados do que a retificação. O processo é utilizado em superfícies previamente maquinadas ou retificadas, de natureza cilíndrica ou cónica, tanto para superfícies externas como internas. Consiste em esfregar um objeto liso e duro sobre as pequenas irregularidades superficiais produzidas durante a maquinagem ou o corte. Os rolos endurecidos da ferramenta pressionam contra a superfície e deformam as saliências para uma geometria mais plana. O processo de brunimento é uma técnica atractiva que melhora a integridade da superfície da peça de trabalho, ou seja, o acabamento da superfície e a microdureza num único processo (com redução do tempo de preparação da ferramenta), o que é difícil em processos convencionais como a retificação. Esta melhoria na integridade da superfície serve principalmente para aumentar o comportamento à fadiga das peças sob carga dinâmica

No processo de polimento com rolos (a ferramenta é mostrada na fig.1.3 e o processo na fig.1.4), o aumento do acabamento da superfície é conseguido através do achatamento dos picos de rugosidade pela força de compressão dos rolos. Assemelha-se à conformação de metais ou ao trabalho a frio, em contraste com a microabrasão de metais nos processos de acabamento, como a brunidura, a lapidação e o superacabamento. Dois fenómenos têm sido geralmente associados na análise do brunimento. Um é o achatamento por fluxo plástico dos picos de rugosidade e o segundo é a sua deslocação para os vales adjacentes (Malleswara Rao, 2011).

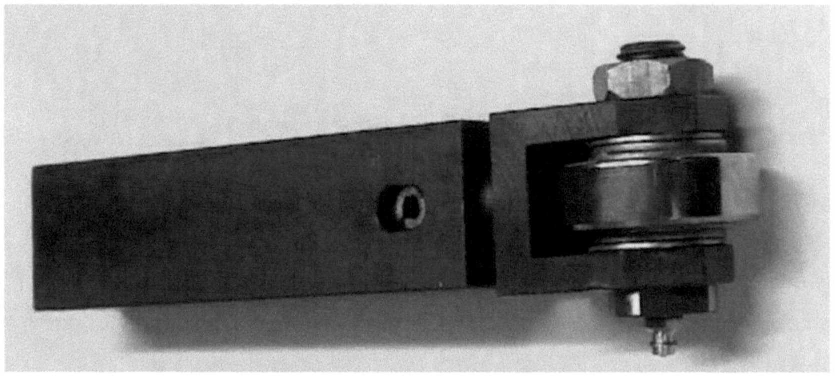

**Fig 1.3: Ferramenta de polimento de rolos**

Um rolo duro e altamente polido é pressionado contra a superfície de uma peça metálica com alta pressão no processo de polimento com rolo. Como resultado, os picos da superfície metálica são deformados plasticamente, quando a pressão de polimento aplicada excede o limite de elasticidade do material metálico, para preencher os vales, como mostram as figuras 1.4 e 1.5. Como resultado, a superfície da peça metálica será alisada. Devido à deformação plástica, o material fica com uma distribuição de tensões residuais que é compressiva na superfície. O resultado é que a dureza da superfície, a resistência ao desgaste, a resistência à fadiga, o limite de elasticidade, a resistência à tração e a resistência à corrosão são melhoradas devido às alterações das características da superfície provocadas pelo brunimento, tal como referido por muitos autores. O brunimento é considerado um processo de acabamento de trabalho a frio, que difere de outros processos de trabalho a frio e de tratamento de superfícies, como a granalhagem, a decapagem, etc., na medida em que produz um bom acabamento superficial e induz tensões residuais de compressão nas camadas metálicas superficiais. Além disso, o polimento é economicamente vantajoso, porque é um processo simples; custa menos e requer um tempo mínimo (Shiva Prasad, 1988).

**Fig. 1.4: Processo de polimento de rolos**

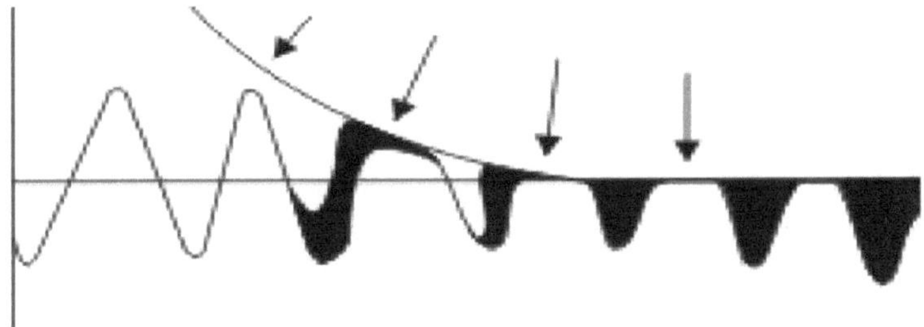

**Fig. 1.5: Fluxo de material dos picos para os vales no processo de polimento com rolos**

## 1.2 Vantagens do polimento com rolos:

1. O polimento com rolo é um método mais rápido, mais limpo e mais eficaz.
2. Acabamento superficial tipo espelho.
3. Tolerância dimensional e repetibilidade consistentes.
4. A operação de passagem única oferece um tempo de ciclo muito menor.
5. Aumenta a dureza da superfície dos componentes.
6. Reduz os retrabalhos e as rejeições.
7. Aumentar a vida à fadiga.

## 1.3 Aplicação de processos de polimento:

O polimento é utilizado há mais de 60 anos para trabalhar a frio as superfícies interiores e exteriores de alumínio, bronze, ligas de aço e aço inoxidável. Pode substituir operações secundárias como a retificação, o brunimento e a lapidação de superfícies de placas, escareadas ou torneadas, e tornar o acabamento preciso de peças fácil e barato. Fabricantes de componentes automóveis e hidráulicos, semicondutores, electrodomésticos e peças de máquinas de precisão.

A maioria das sedes de válvulas utilizadas para água, óleo, gás e ar são cónicas. Para evitar fugas, as formas e o acabamento da superfície, a resistência ao desgaste e a resistência à fadiga são melhores na superfície que foi polida com rolo, as vedações permanecem estanques e duradouras.

Os orifícios nos quais os eixos, casquilhos ou rolamentos são encaixados por pressão requerem um excelente acabamento da superfície e uma precisão dimensional apertada. Após a maquinagem, as peças apresentam folgas porque a vibração provoca deformações plásticas. As superfícies polidas não terão folga porque o ponto de escoamento dos materiais aumentou, criando uma superfície muito mais estável para a vida útil das peças.

# CAPÍTULO 2
# REVISÃO DA LITERATURA

Este capítulo trata da revisão da literatura sobre o trabalho efectuado no processo de brunimento por investigadores anteriores. Os pormenores relevantes e as principais conclusões são ilustrados mais adiante.

Shneider, no ano de 1967, realizou experiências para estudar as características dos componentes de brunimento. O desgaste tem um significado tecnológico e económico importante porque altera a forma da peça, da ferramenta e da interferência. O polimento é considerado um processo de trabalho a frio que pode ser utilizado para melhorar as características da superfície. A rugosidade e a dureza da superfície desempenham um papel importante em muitas áreas e são factores de grande importância para o funcionamento de peças de máquinas, como sedes de válvulas, superfície interna de cilindros hidráulicos, pistões, rolamentos, etc.

Hassan *et al.* (1997) explicaram os efeitos do brunimento com esferas e rolos na rugosidade e dureza da superfície de alguns metais não ferrosos. Muitos investigadores sugeriram que é possível melhorar a resistência ao desgaste através do processo de brunimento.

Siva Prasad *et al.* (1988) investigaram o processo de polimento com rolo em componentes de alumínio e concluíram que a melhoria do acabamento da superfície é melhor com o processo de polimento. Patel *et al.* (2013) investigaram o impacto da velocidade de polimento, da força de polimento e do número de passagens da ferramenta nas qualidades da superfície e nas propriedades tribológicas. Para determinar a influência de cada parâmetro do processo, foram efectuados vários testes. Foram utilizados os modelos de experiências de Taguchi para realizar as experiências. A ANOVA foi aplicada com o objetivo de encontrar o valor ideal para melhorar economicamente a qualidade da superfície e a dureza. Para as experiências, foi selecionada a liga de Al 6351-T6 como material da peça de trabalho. Após o trabalho experimental e a análise, concluíram que o acabamento da superfície aumenta com o aumento da velocidade e diminui com o aumento da força de polimento. Sugeriram que os parâmetros óptimos de polimento com rolo para o alumínio 6351-T6 eram a combinação da força de polimento 20 kgf, avanço 0,50 mm/rev, número de passagens 3 e velocidade de polimento 250 RPM.

Kamble *et al.* (2012) utilizaram uma ferramenta de polimento com rolos internos para polir os furos. A velocidade, o avanço e o número de passagens foram variados utilizando o método Taguchi para examinar o acabamento da superfície e a microdureza. A análise ANOVA é efectuada para descobrir os parâmetros do processo de polimento mais significativos de todos. Foi selecionado o material EN 8, que é utilizado como suporte simples em caixas de engrenagens planetárias para transportar as engrenagens planetárias. Após os trabalhos experimentais, concluíram que a rugosidade da superfície diminui com o aumento do avanço e da velocidade. Mas com o aumento do número de passagens, a rugosidade da superfície aumenta. Verificaram também que a microdureza máxima é atingida com uma velocidade de avanço inferior e um número mínimo de passagens. Foi obtida uma rugosidade da superfície de 2,44 μm a 0,13 μm.

Sundrarajan *et al.* (2009) seleccionaram uma ferramenta de polimento com rolos para realizar o processo de polimento com rolos em materiais de alumínio 63400 com diferentes parâmetros e diferentes orientações de polimento. O impacto da força de polimento, do avanço de polimento, do número de passagens e do passo sobre a rugosidade e a dureza da superfície é investigado. Seleccionaram a matriz ortogonal padrão L27 de Taguchi para realizar as experiências. Foi aplicada a análise ANOVA para verificar os efeitos dos parâmetros nas características de desempenho. A partir da análise dos resultados do polimento de rolos utilizando a abordagem concetual da relação S/N, concluíram que, no processo de polimento, é recomendada a utilização de uma força de polimento (1200 N), de um avanço de polimento (200 mm/min) e de um número de passagens (3) para obter um acabamento de superfície de massa. Verificaram também que a força de polimento de 1200 N produz a maior melhoria na dureza da superfície.

Jawalkar *et al.* (2009) realizaram experiências para encontrar o valor ideal para melhorar a qualidade da superfície e a dureza de forma económica no processo de polimento com rolos. Consideraram que os parâmetros de entrada do processo de polimento com rolos são a velocidade do fuso, o avanço da ferramenta, o número de passagens e os lubrificantes. A rugosidade da superfície e a microdureza foram as principais variáveis de resposta. O material industrial comummente utilizado EN 8 foi selecionado como peça de trabalho para fins experimentais. Foi utilizada a matriz ortogonal L9 padrão de Taguchi para o projeto de experiências. A análise ANOVA foi aplicada para descobrir os parâmetros mais significativos do processo de polimento de rolos. Após o trabalho experimental, concluiu-se que o número de passagens, o avanço e a velocidade do fuso contribuem ao máximo para a rugosidade da superfície no polimento do material EN 8. O número de passagens e a velocidade contribuem em percentagem máxima para a dureza da superfície no polimento do EN 8 devido ao efeito de endurecimento.

Shaji *et al.* (2003) investigaram a possibilidade de utilizar grafite como meio de lubrificação para reduzir o calor gerado na zona de retificação na retificação de superfícies. Estudaram o efeito de parâmetros como a velocidade, o avanço, o avanço em profundidade e o modo de retificação nas características de desempenho do acabamento da superfície e da força desenvolvida. No total, foram efectuadas nove experiências utilizando a matriz ortogonal L9 de Taguchi para determinar os efeitos dos parâmetros na força desenvolvida e na qualidade da superfície. Após o trabalho experimental, foram encontradas as condições óptimas e observou-se que o resultado obtido na retificação com líquido de arrefecimento convencional está em boa concordância com os resultados obtidos na retificação assistida por grafite. Observou-se que, com a aplicação da grafite, a força tangencial e a rugosidade da superfície são inferiores às da retificação convencional.

O desgaste tem um significado tecnológico e económico importante porque altera a forma da peça de trabalho, a ferramenta e a interferência. O polimento é considerado um processo de trabalho a frio que pode ser utilizado para melhorar as características da superfície. A rugosidade e a dureza da superfície desempenham um papel importante em muitas áreas e são factores de grande importância para o funcionamento das peças maquinadas. Os efeitos do brunimento com esferas e rolos na rugosidade e na dureza da superfície de alguns metais não ferrosos foram apresentados por muitos investigadores (Hassan, A. M., 1997). Vários autores efectuaram investigações sobre a rugosidade e a dureza da superfície da liga de titânio utilizando uma ferramenta de brunimento com rolo, tendo apresentado os respectivos resultados (Thamizhmnaii, 2008). Foram efectuados trabalhos de investigação sobre a rugosidade da superfície produzida pelo polimento com esferas, com parâmetros de polimento variáveis (Loh, 1991). Muitos cientistas apresentaram discussões sobre a aplicação do projeto experimental no polimento com esferas (Loh, N. H., 1993). Muitos investigadores sugeriram que o processo de brunimento pode melhorar a resistência ao desgaste.

Shirsat *et al. estudaram a* lubrificação no acabamento e na dureza da superfície de amostras de latão utilizando o processo combinado de torneamento e polimento com duas esferas. Para esta análise, foram considerados três parâmetros de polimento, nomeadamente, a força de polimento, a velocidade e o avanço, enquanto os outros parâmetros foram mantidos constantes. O acabamento da superfície tem um efeito significativo nas propriedades do componente, como a resistência à fadiga, a resistência à corrosão, a resistência ao desgaste e a dureza da superfície. Verificaram que a rugosidade da superfície pré-usinada de 0,78 mm - 0,95 mm podia ser acabada para cerca de 0,121 mm e que também se obtinha um aumento da dureza da superfície.

## 2.1 Lacunas na investigação/aplicações do brunimento:

Ao analisar os trabalhos publicados sobre o processo de brunimento, foram feitas as seguintes observações

1 .) Não foi efectuado um estudo adequado sobre a utilização de ferramentas combinadas de polimento com esferas e rolos.

2 .) A informação é inadequada no que diz respeito à otimização dos parâmetros do processo e à análise pormenorizada das peças de aço macio.

3 .) A informação relativa à vida à fadiga dos materiais é inadequada

# CAPÍTULO 3

# CONCEPÇÃO E DESENVOLVIMENTO DE UMA FERRAMENTA DE POLIMENTO

Este capítulo apresenta o estudo sobre a conceção e o desenvolvimento de uma ferramenta de polimento, utilizada para realizar com êxito o processo de polimento através do controlo de diferentes parâmetros. Atualmente, as indústrias de processamento de metais estão frequentemente interessadas em induzir tensões residuais compressivas nos vários componentes com que se deparam diariamente nos processos de fabrico. Os métodos convencionais do processo de acabamento, nomeadamente a retificação e a brocagem, são utilizados para melhorar o acabamento da superfície dos componentes metálicos, mas o processo de brunimento, que desempenha o mesmo papel no processo de acabamento, tem muitas vantagens associadas ao facto de satisfazer com êxito os requisitos acima referidos (Mahmood Hassan e Mohammad, 2000). A fig. 3.1 ilustra o mecanismo básico do polimento.

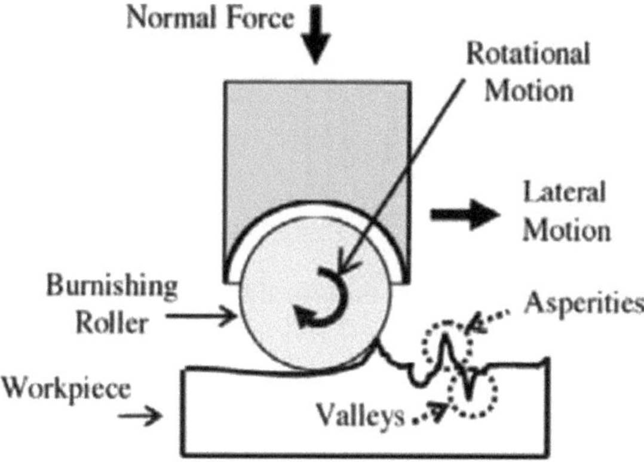


**Fig. 3.1: Mecanismo do processo de polimento**

Como no presente trabalho foi decidido realizar o processo de brunimento de esferas entre dois processos de brunimento, o primeiro e mais importante trabalho é conceber e desenvolver a ferramenta de brunimento seleccionando materiais adequados, dimensões e design apropriado de modo a que o processo e a ferramenta sejam simples, mais baratos e exijam um consumo mínimo de tempo com um custo mínimo. A ferramenta desenvolvida neste trabalho pode ser utilizada em máquinas-ferramentas convencionais como o torno. A fig.3.2 mostra a ferramenta desenvolvida durante o estudo, que foi utilizada no processo de polimento de esferas com um conjunto de ferramentas de polimento de rolos intercambiáveis. Esta opção aumentou a flexibilidade da ferramenta, ajudando assim a efetuar ambos os processos.

A ferramenta de polimento concebida da forma acima referida é constituída por peças, nomeadamente esfera, caixa quadrada, porcas de bloqueio e suporte de bloqueio roscado. A conceção da ferramenta é feita tendo em conta os parâmetros a selecionar e a controlar no trabalho. O trabalho experimental está planeado para ser realizado tendo em conta principalmente três parâmetros diferentes e a dureza da superfície é um dos parâmetros.

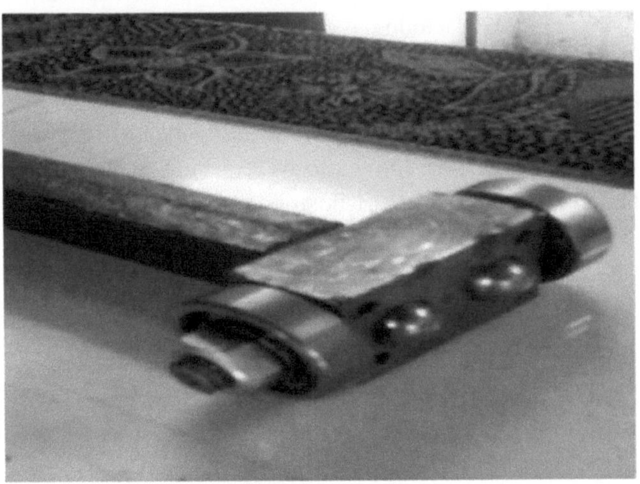

**Fig. 3.2: Ferramenta de polimento combinada (polimento de esferas e rolos combinado)**

A ferramenta apresentada na figura é fabricada no torno do laboratório de fabrico. As etapas envolvidas no fabrico da ferramenta que se apresenta na figura 3.2 são discutidas a seguir. Trata-se da combinação do processo de polimento com esferas e rolos.

## 3.1 Introdução ao torno mecânico:

Um torno é uma máquina-ferramenta (fig. 3.3) que faz rodar a peça de trabalho sobre o seu eixo para realizar várias operações, tais como cortar, lixar, serrilhar, furar ou deformar com ferramentas que são aplicadas à peça de trabalho para criar um objeto que tem simetria em torno de um eixo de rotação. Os tornos são utilizados no torneamento de madeira, na metalurgia, na fiação de metais e no trabalho do vidro. Os tornos metalúrgicos mais bem equipados também podem ser utilizados para produzir a maioria dos sólidos de revolução, superfícies planas e roscas ou hélices de parafusos. Os tornos ornamentais podem produzir sólidos tridimensionais de uma complexidade incrível. O material pode ser mantido no lugar por um ou dois centros, pelo menos um dos quais pode ser deslocado horizontalmente para acomodar diferentes comprimentos de material. Outros métodos de fixação do trabalho incluem a fixação do trabalho em torno do eixo de rotação usando um mandril a uma placa frontal, usando grampos ou cães. (Shiou e Chang, 2008)

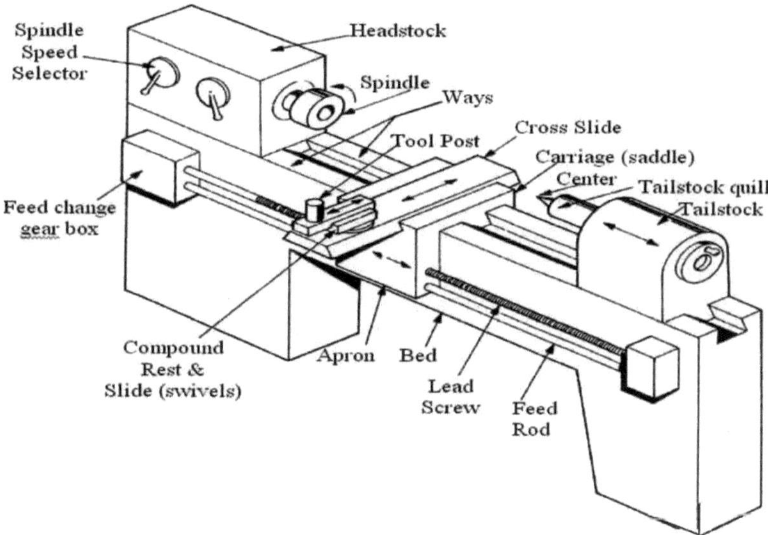


**Fig. 3.3: Máquina de torno**

## 3.2 Etapas do fabrico da ferramenta:

1) Enfrentamento
2) Torneamento
3) Corte de linha
4) Chanfragem
5) Perfuração

### 1.2.1 Operação de revestimento:

O faceamento é a operação de maquinação das extremidades de uma peça de trabalho para produzir uma superfície plana em esquadria com o eixo. A operação envolve a alimentação da ferramenta perpendicularmente ao eixo de rotação da peça de trabalho. Para facear uma peça de trabalho de grandes dimensões, pode ser utilizada uma ferramenta de torneamento normal. A aresta de corte deve ser colocada à mesma altura que o centro da peça de trabalho. A ferramenta é introduzida na peça de trabalho a partir do centro para a profundidade de corte desejada e, em seguida, é alimentada para fora, geralmente à mão, perpendicularmente ao eixo de rotação da peça de trabalho.

### 1.2.2 Operação de rotação:

O torneamento é a operação de remoção do excesso de material da peça de trabalho num tempo mínimo, aplicando uma elevada taxa de avanço e uma grande profundidade de corte. A profundidade de corte para operações de desbaste na maquinagem do trabalho varia entre 2 e 5 mm e a taxa de avanço é de 0,3 a 1,5 mm por rotação do trabalho. A operação de torneamento de acabamento requer alta velocidade de corte, pequeno avanço e uma profundidade de corte muito pequena para gerar uma superfície lisa. A profundidade de corte varia de 0,5 a 1 mm e o avanço de 0,1 a 0,3 mm por rotação da peça de trabalho.

### 1.2.3 Corte de linha:

Numa operação de corte de rosca, o primeiro passo é remover o excesso de material da peça de trabalho para tornar o seu diâmetro igual ao diâmetro maior da rosca do parafuso. As engrenagens de tamanho correto são então colocadas na extremidade da base entre o fuso e o parafuso de avanço. A forma da rosca depende da forma da ferramenta de corte a utilizar. Numa rosca métrica, o ângulo de inclinação da aresta de corte deve ser retificado exatamente $60^{\circ}$ . A parte superior da ponta da ferramenta deve ser colocada à mesma altura que o centro da peça de trabalho. Um calibre de ferramenta de rosca é geralmente usado contra a superfície torneada para verificar a ferramenta de corte, de modo que cada face da ferramenta possa ser igualmente inclinada para a linha central da peça de trabalho, como mostrado. A velocidade do fuso é reduzida de metade a um quarto da velocidade necessária para o torneamento de acordo com o tipo de material a ser maquinado e a meia porca é então engatada. A profundidade de corte varia normalmente entre 0,05 e 0,2 mm e é dada pelo avanço da ferramenta perpendicularmente ao eixo da peça. Depois de a ferramenta ter feito uma ranhura helicoidal até ao comprimento desejado da peça, retira-se rapidamente a ferramenta com a ajuda da corrediça transversal, desengata-se a meia porca e volta-se a colocar a ferramenta na posição inicial para fazer um novo corte. Antes de voltar a engatar a meia porca, é necessário garantir que a ferramenta seguirá o mesmo caminho que percorreu no corte anterior, caso contrário o trabalho será estragado (Rajesham, 2012)

### 1.2.4 Perfuração:

A máquina de furar (fig.3.4) é uma máquina-ferramenta concebida para efetuar furos em materiais metálicos e não metálicos. A ferramenta de corte é uma ferramenta de corte multiponto, conhecida como berbequim.

**Fig.3.4: Máquina de perfuração**

A máquina de perfuração é utilizada para fazer furos na peça de trabalho. A ferramenta de corte final utilizada para fazer furos na peça de trabalho chama-se broca. A broca é colocada na bucha e, quando a máquina está "ON", a broca roda.

### 1.2.5 Parâmetros de corte de metais:

A velocidade de corte de uma ferramenta é a velocidade a que o metal é removido pela ferramenta da peça de trabalho. Num torno, é a velocidade periférica do trabalho que passa pela ferramenta de corte, expressa em metros/minuto.

(i) Velocidade de corte (V) = $\pi$ DN/1000, m/min

Onde, D = Diâmetro da obra em min e N = RPM da obra

(ii) Alimentação:

O avanço de uma ferramenta de corte num trabalho de torno é a distância que a ferramenta avança por cada rotação do trabalho. O avanço é expresso em unidades como: mm/rev.

(iii) Profundidade de corte:

A profundidade é a distância perpendicular medida entre a superfície maquinada e a superfície não cortada da peça de trabalho.

Profundidade de corte = (d1-d2) / 2

Onde, d1 = Diâmetro da superfície de trabalho antes da maquinagem
d2 = Diâmetro da superfície de trabalho após a maquinagem

Ao utilizar o HSS como material de ferramenta para o torneamento e ao utilizar o aço macio (M.S. como material de trabalho). Foram seleccionados os seguintes parâmetros.

(iv) Operação de torneamento em bruto:
Velocidade de corte (V) = 25m/min,
Avanço (f) = 0,2 mm/rot,
Profundidade de corte (t) = 1 mm

(v) Terminar a operação de torneamento:
Velocidade de corte (V) = 40m/min,
Avanço (f) = 0,1 mm/rot,
Profundidade de corte (t) = 0,2 mm

### 1.2.6 Chanfragem:

Chanfrar é a operação de chanfrar a extremidade extrema de uma peça de trabalho. Isto é feito para remover as rebarbas, para proteger a extremidade da peça de trabalho de ser danificada e para ter um melhor aspeto. A operação pode ser efectuada após a conclusão de todas as operações. É uma operação essencial após o corte da rosca, para que a porca possa passar livremente sobre a peça roscada

# CAPÍTULO 4

# FORMULAÇÃO DE PROBLEMAS

## 4.1 PREVIEW:

No mercado competitivo atual, a qualidade das peças, como o acabamento da superfície, a resistência mecânica, a dureza, etc., é o aspeto mais importante para satisfazer e atrair os clientes. No fabrico de pistões para várias aplicações, o método convencional consiste em retificar as hastes e, em seguida, proceder à cromagem ou niquelagem para melhorar a textura da superfície, a resistência ao desgaste e a dureza da superfície. Embora este seja um método de rotina e normalizado, existem problemas no que respeita a aplicações de gama alta, pelo que surge a necessidade de investigar outros processos de acabamento. O polimento é um processo preferido, uma vez que não requer alterações na configuração e é suscetível de proporcionar uma vantagem adicional de aumento da microdureza, juntamente com o aumento do acabamento da superfície. O objetivo deste trabalho de investigação é estudar o polimento em pormenor e aplicar o design de experiências, analisar os parâmetros do processo e o seu efeito em diferentes materiais. No processo de polimento, a qualidade das peças depende muito dos vários parâmetros do processo.

Para compreender e otimizar os parâmetros do processo, foi escolhido o aço macio, cujas propriedades são apresentadas na tabela 4.1.

**Tabela 4.1: Grau e propriedades do material**

| Material | Grade | Composition | Tensile strength yield | Tensile strength Ultimate | Properties | Uses |
|---|---|---|---|---|---|---|
| Mild steel | AISI 1018 | C: 0.14-0.2%<br>Si: 0.5% max<br>Mn: 0.7-0.9%<br>P: < 0.04%<br>Rest: Fe | 370 MPa | 440 MPa | Ductile<br>Easily<br>Machining<br>Weldability | Fixtures<br>Dowels<br>Bolts<br>Studs<br>Pins |

## 4.2 Objetivo do presente inquérito:

Tendo em conta a discussão acima referida e as lacunas da investigação existente, a presente investigação tem por objetivo explorar

- Conceção e desenvolvimento de uma ferramenta de polimento
- As potencialidades do processo de brunimento, o estudo pormenorizado dos seus parâmetros e o alargamento da sua possível aplicação na indústria.
- Estudo do efeito dos parâmetros do processo (velocidade do fuso, avanço, passagens) em termos de rugosidade superficial, microdureza superficial
- Análise e discussão dos resultados

## 4.3 Metodologia utilizada:

As experiências foram efectuadas em duas fases:

Na primeira fase, foram concebidas e realizadas experiências para estudar o efeito do rolo de esferas e do efeito combinado de polimento em amostras de aço macio. As características de resposta foram o acabamento da superfície e a microdureza da superfície.

Na segunda fase, foram concebidas e realizadas experiências para estudar o efeito de uma única ferramenta de polimento combinada em amostras de aço macio. As características de resposta foram o acabamento da superfície e a microdureza da superfície. Nesta fase, foi adoptada a metodologia de conceção paramétrica de Taguchi. As experiências foram conduzidas utilizando o Taguchi L9 OA em amostras de aço macio.

# CAPÍTULO 5
# CONCEPÇÃO E ANÁLISE EXPERIMENTAL

## 5.1 INTRODUÇÃO:

O método Taguchi consiste em reduzir a variação num processo através de uma conceção robusta das experiências. O objetivo geral do método é produzir produtos de alta qualidade a baixo custo para o fabricante. O método Taguchi foi desenvolvido pelo Dr. Genichi Taguchi, do Japão, que defendia essa variação. Taguchi desenvolveu um método de conceção de experiências para investigar a forma como diferentes parâmetros afectam a média e a variância de uma caraterística de desempenho do processo que define o seu bom funcionamento. O desenho experimental proposto por Taguchi envolve a utilização de matrizes ortogonais para organizar os parâmetros que afectam o processo e os níveis a que devem ser variados. Em vez de testar todas as combinações possíveis, como no caso do desenho fatorial, o método de Taguchi testa pares de combinações. Isto permite a recolha dos dados necessários para determinar quais os factores que mais afectam a qualidade do produto com um mínimo de experimentação, poupando assim tempo e recursos. O método de Taguchi é mais bem utilizado quando existe um número intermédio de variáveis (3 a 50), poucas interacções entre variáveis e quando apenas algumas variáveis contribuem significativamente (Eshwara Prasad, 1997).

As matrizes de Taguchi podem ser derivadas ou pesquisadas. As matrizes pequenas podem ser desenhadas manualmente; as matrizes grandes podem ser derivadas de algoritmos determinísticos. Geralmente, as matrizes podem ser encontradas online. As matrizes são seleccionadas de acordo com o número de parâmetros (variáveis) e o número de níveis (estados). Isto é explicado mais adiante neste artigo. A análise de variância dos dados recolhidos a partir da conceção de experiências de Taguchi pode ser utilizada para selecionar novos valores de parâmetros para otimizar a caraterística de desempenho. Os dados das matrizes podem ser analisados através da representação gráfica dos dados e da realização de uma análise visual, ANOVA, rendimento do compartimento e teste exato de Fisher ou teste do Qui-quadrado para testar a significância.

## 5.2 Filosofia do método Taguchi:

1. **A qualidade deve ser concebida num produto e não inspeccionada.** A qualidade

é concebida num processo através da conceção do sistema, da conceção dos parâmetros e da conceção das tolerâncias. A conceção de parâmetros, que será o foco deste artigo, é realizada através da determinação dos parâmetros do processo que mais afectam o produto e, em seguida, da sua conceção para obter uma qualidade-alvo especificada do produto. A qualidade "inspeccionada" num produto significa que o produto é produzido com níveis de qualidade aleatórios e os que se afastam demasiado da média são simplesmente eliminados (Loh, 1991)

2. **A melhor forma de alcançar a qualidade é minimizar o desvio em relação a um objetivo.** O produto deve ser concebido de forma a ser imune a factores ambientais incontroláveis. **Por** outras palavras, a relação entre o sinal (qualidade do produto) e o ruído (factores incontroláveis) deve ser elevada.

3. **O custo da qualidade deve ser medido em função do desvio em relação à norma e as perdas devem ser medidas à escala do sistema.** Este é o conceito de função de perda, ou seja, a perda global sofrida pelo cliente e pela sociedade devido a um produto de má qualidade. Dado que o produtor é também um membro da sociedade e que a insatisfação do cliente desencorajará o seu patrocínio futuro, este custo para o cliente e para a sociedade reverterá a favor do produtor.

### 5.3 Projeto de Experiências de Taguchi:

As etapas gerais envolvidas no método Taguchi são as seguintes

1. Defina o objetivo do processo ou, mais especificamente, um valor-alvo para uma medida de desempenho do processo. Pode ser um caudal, uma temperatura, etc. O objetivo de um processo pode também ser um valor mínimo ou máximo; por exemplo, o objetivo pode ser maximizar o caudal de saída. O desvio da caraterística de desempenho em relação ao valor-alvo é utilizado para definir a função de perda do processo (Axir, 2000)

2. Determinar os parâmetros de conceção que afectam o processo. Os parâmetros são variáveis dentro do processo que afectam a medida de desempenho, tais como temperaturas, pressões, etc., que podem ser facilmente controladas. Deve ser especificado o número de níveis em que os parâmetros devem ser variados. Por exemplo, uma temperatura pode ser variada para um valor baixo e alto de 40° C e 80° C. Aumentar o número de níveis para variar um parâmetro aumenta o número de experiências a realizar.

3. Criar matrizes ortogonais para a conceção dos parâmetros, indicando o número e as condições de cada experiência. A seleção das matrizes ortogonais baseia-se no número de parâmetros e nos níveis de variação de cada parâmetro.

4. Realize as experiências indicadas na matriz preenchida para recolher dados sobre o

efeito na medida de desempenho.

5. Completar a análise dos dados para determinar o efeito dos diferentes parâmetros na medida de desempenho.

**5.4 Função de perda de Taguchi:**

O objetivo do método Taguchi é reduzir os custos para o fabricante e para a sociedade da variabilidade nos processos de fabrico. Taguchi define a diferença entre o valor-alvo da caraterística de desempenho de um processo, τ, e o valor medido, y, como uma função de perda, como se mostra a seguir.

$$l(y) = k_c(y - \tau)^2$$

A constante, $k_c$, na função de perda pode ser determinada considerando os limites de especificação ou o intervalo aceitável, delta.

$$k_c = \frac{C}{\Delta^2}$$

A dificuldade em determinar $k_c$ reside no facto de τ e C serem por vezes difíceis de definir.

Se o objetivo for minimizar o valor da caraterística de desempenho, a função de perda é definida da seguinte forma:

$$l(y) = k_c y^2 \qquad Where \qquad \tau = 0$$

Se o objetivo for maximizar o valor da caraterística de desempenho, a função de perda é definida da seguinte forma:

$$l(y) = \frac{k_c}{y^2}$$

As funções de perda aqui descritas são a perda para um cliente de um produto. Ao calcular estas funções de perda, pode também calcular-se a perda global para a sociedade (Froes, 1985)

## 5.5 Determinação do parâmetro de conceção da matriz ortogonal:

O efeito de muitos parâmetros diferentes nas características de desempenho num conjunto condensado de experiências pode ser examinado utilizando o projeto experimental de matriz ortogonal proposto por Taguchi. Uma vez determinados os parâmetros que afectam um processo e que podem ser controlados, devem ser determinados os níveis a que esses parâmetros devem ser variados. Para determinar os níveis de uma variável a testar, é necessário um conhecimento profundo do processo, incluindo o valor mínimo, máximo e atual dos parâmetros. Se a diferença entre o valor mínimo e máximo de um parâmetro for grande, os valores que estão a ser testados podem ser mais afastados ou podem ser testados mais valores. Se o intervalo de um parâmetro for pequeno, então podem ser testados menos valores ou os valores testados podem ser mais próximos uns dos outros.

Se o número de parâmetros e o número de níveis estiverem finalizados, a matriz ortogonal adequada pode ser selecionada. O nome da matriz apropriada pode ser encontrado observando a coluna e a linha correspondentes ao número de parâmetros e ao número de níveis. Uma vez determinado o nome (o subscrito representa o número de experiências que devem ser completadas), a matriz predefinida pode ser procurada. São fornecidas ligações para muitas das matrizes predefinidas apresentadas na tabela de seleção de matrizes. Estas matrizes foram criadas utilizando um algoritmo desenvolvido por Taguchi e permitem que cada variável e configuração seja testada de forma igual.

Uma vez determinado o projeto experimental e realizados os ensaios, as características de desempenho medidas em cada ensaio podem ser utilizadas para analisar o efeito relativo dos diferentes parâmetros. Para demonstrar o procedimento de análise de dados, será utilizada a seguinte matriz L9, mas os princípios podem ser transferidos para qualquer tipo de matriz.

Para determinar o efeito de cada variável no resultado, é necessário calcular o rácio sinal/ruído, ou o número SN, para cada experiência efectuada. O cálculo do SN para a primeira experiência na matriz acima é apresentado abaixo para o caso de um valor-alvo específico da caraterística de desempenho. Nas equações abaixo, yi é o valor médio e si é a variância. Yi

é o valor da caraterística de desempenho para uma determinada experiência?

$$SN_i = 10 \log \frac{\bar{y}_i^{\,2}}{s_i^{\,2}}$$

$$Where$$

$$\bar{y}_i = \frac{1}{N_i} \sum_{u=1}^{N_i} y_{i,u}$$

$$s_i^2 = \frac{1}{N_i - 1} \sum_{u=1}^{N_i} (y_{i,u} - \bar{y}_i)$$

$$i = Experiment\ number$$

$$u = Trial\ number$$

$$N_i = Number\ of\ trials\ for\ experiment\ i$$

Para o caso de minimizar a caraterística de desempenho, deve ser calculada a seguinte definição do rácio SN:

$$SN_i = -10\log\left(\sum_{u=1}^{N_i}\frac{y_u^2}{N_i}\right)$$

No caso da maximização da caraterística de desempenho, deve ser calculada a seguinte definição do rácio SN:

$$SN_i = -10\log\left[\frac{1}{N_i}\sum_{u=1}^{N_i}\frac{1}{y_u^2}\right]$$

## 5.6 Vantagens e desvantagens:

Uma das vantagens do método de Taguchi é o facto de dar ênfase a um valor médio da caraterística de desempenho próximo do valor-alvo, em vez de um valor dentro de determinados limites de especificação, melhorando assim a qualidade do produto. Além disso, o método de Taguchi para o projeto experimental é simples e fácil de aplicar a muitas situações de engenharia, o que o torna uma ferramenta poderosa e simples. Pode ser utilizado para restringir rapidamente o âmbito de um projeto de investigação ou para identificar problemas num processo de fabrico a partir de dados já existentes (Luo, 2005). Além disso, o método Taguchi permite a análise de muitos parâmetros diferentes sem uma quantidade proibitivamente elevada de experimentação. Por exemplo, um processo com 8 variáveis, cada uma com 3 estados, necessitaria de 6561 ($3^8$ ) experiências para testar todas as variáveis; no entanto, utilizando as matrizes ortogonais de Taguchi, são necessárias apenas 18 experiências, ou seja, menos de 0,3% do número original de experiências. Desta forma, permite identificar os parâmetros-chave que têm maior efeito no valor da caraterística de desempenho, de modo a que possam ser efectuadas mais experiências com esses parâmetros e que os parâmetros que têm pouco efeito possam ser ignorados.

A principal desvantagem do método de Taguchi é que os resultados obtidos são apenas relativos e não indicam exatamente qual o parâmetro que tem o maior efeito no valor da caraterística de desempenho. Além disso, uma vez que as matrizes ortogonais não testam todas as combinações de variáveis, este método não deve ser utilizado quando são necessárias todas as relações entre todas as variáveis. O método de Taguchi tem sido criticado na literatura pela dificuldade em ter em conta as interacções entre parâmetros. Além disso, uma vez que os métodos de Taguchi lidam com a conceção da qualidade em vez de corrigirem a má qualidade, são aplicados mais eficazmente nas fases iniciais do desenvolvimento do processo. Após a especificação das variáveis do projeto, a utilização do projeto experimental pode ser menos rentável.

# CAPÍTULO 6
# SELECÇÃO DE PARÂMETROS E EXPERIMENTAÇÃO

Neste capítulo, a configuração experimental e os parâmetros do processo que afectam as características da maquinagem são discutidos juntamente com o esquema de experimentação. As experiências são realizadas dentro da gama de parâmetros de processo seleccionados e as características, nomeadamente o acabamento da superfície e a microdureza, foram medidas e os resultados experimentais também são apresentados neste capítulo. As experiências foram realizadas num torno (marca: HMT) utilizando uma ferramenta de polimento de esferas, de rolos e combinada (fig.6.1-2).

**Fig. 6.1Peça de trabalho na máquina de torno**

**Fig. 6.2: Ferramenta de polimento juntamente com o trabalho**

## 6.1 Medição dos valores de rugosidade da superfície:

Um desvio repetitivo ou aleatório da superfície nominal que forma o padrão da superfície é conhecido como textura da superfície. Inclui rugosidade, ondulação, falhas, etc. A ondulação é a rugosidade que se deve às diferenças cinemáticas inerentes ao processo de corte. Os vários parâmetros de rugosidade da superfície, ou seja, Ra, Rz, Rmax, são medidos utilizando o Medidor de Rugosidade da Superfície, como se mostra na Figura 6.3. O valor médio da linha central (C.L.A.) ou Ra é a altura média aritmética da rugosidade (Thamizhmnaii, 2008)

**Fig. 6.3: Aparelho de ensaio da rugosidade da superfície**

A rugosidade desempenha um papel importante na determinação da forma como um objeto real irá interagir com o seu ambiente. As superfícies rugosas desgastam-se normalmente mais depressa e têm coeficientes de atrito mais elevados do que as superfícies lisas. A rugosidade é frequentemente um bom indicador do desempenho de um componente mecânico, uma vez que as irregularidades na superfície podem formar locais de nucleação para fissuras ou corrosão. Por outro lado, a rugosidade pode promover a adesão.

Embora um valor de rugosidade elevado seja frequentemente indesejável, pode ser difícil e dispendioso de controlar no fabrico. Diminuir a rugosidade de uma superfície irá normalmente aumentar os seus custos de fabrico. Isto resulta frequentemente num compromisso entre o custo de fabrico de um componente e o seu desempenho na aplicação.

A rugosidade pode ser medida por comparação manual com um "comparador de rugosidade da superfície", uma amostra de rugosidade de superfície conhecida, mas, mais geralmente, a medição do perfil da superfície é feita com um medidor de perfil que pode ser de contacto (normalmente uma ponta de diamante) ou ótico (por exemplo, um interferómetro de luz branca).

## 6.2 Medição dos valores de dureza superficial:

A dureza é uma caraterística de um material e não uma propriedade física fundamental. É definida como a resistência à indentação e é determinada pela medição da profundidade permanente da indentação. Em termos mais simples, quando se utiliza uma força fixa (carga) e um determinado indentador, quanto mais pequena for a indentação, mais duro é o material. O valor da dureza de indentação é obtido através da medição da profundidade ou da área da indentação, utilizando um dos mais de 12 métodos de ensaio diferentes. Todos os valores de dureza da superfície foram obtidos no aparelho de ensaio de dureza Rockwell, como se mostra na figura 6.4. (Kamble, 2012)

**Fig. 6.4: Aparelho de teste de dureza Rockwell**

O método de ensaio de dureza Rockwell é o método de ensaio de dureza mais comummente utilizado. Devemos obter uma cópia desta norma, ler e compreender a norma na íntegra antes de tentar efetuar um ensaio Rockwell. O ensaio Rockwell é geralmente mais fácil de executar e mais exato do que outros tipos de métodos de ensaio de dureza. O método de ensaio Rockwell é utilizado em todos os metais, exceto em condições em que a estrutura do metal de ensaio ou as condições da superfície introduziriam demasiadas variações; em que as indentações seriam demasiado grandes para a aplicação; ou em que a dimensão ou a forma da amostra proíba a sua utilização (Morimoto e Tamamura, 1991)

O método Rockwell mede a profundidade permanente da indentação produzida por uma força/carga num indentador. Primeiro, é aplicada uma força de teste preliminar (normalmente designada por pré-carga ou carga menor) a uma amostra utilizando um indentador de diamante. Esta carga representa a posição zero ou de referência que rompe a superfície para reduzir os efeitos do acabamento da superfície. Após a pré-carga, é aplicada uma carga adicional, designada por carga principal, para atingir a carga total de ensaio necessária. Esta força é mantida durante um período de tempo pré-determinado (tempo de espera) para permitir a recuperação elástica. Esta carga principal é então libertada e a posição final é medida em relação à posição derivada da pré-carga, a variação da profundidade de indentação entre o valor da pré-carga e o valor da carga principal.

Pode ser utilizada uma variedade de indentadores: diamante cónico com uma ponta redonda para metais mais duros e indentadores esféricos com um diâmetro que varia de 1/16" a[1] ½',[5] para materiais mais macios. Ao selecionar uma escala Rockwell, um guia geral é selecionar a escala que especifica a maior carga e o menor indentador possível sem exceder as condições de funcionamento definidas e tendo em conta as condições que podem influenciar o resultado do ensaio. Estas condições incluem espécimes de teste que estão abaixo da espessura mínima para a profundidade da indentação; uma impressão de teste que cai demasiado perto da borda do espécime ou de outra impressão; ou testes em espécimes cilíndricos. Além disso, o eixo de teste deve estar a 2 graus da perpendicular para garantir uma carga precisa; não deve haver deflexão da amostra de teste ou do aparelho de teste durante a aplicação da carga devido a condições como sujidade debaixo da amostra de teste ou no parafuso de elevação. É importante manter o acabamento da superfície limpo e a descarbonetação do tratamento térmico deve ser removida.

As chapas metálicas podem ser demasiado finas e macias para serem ensaiadas numa determinada escala Rockwell sem excederem os requisitos de espessura mínima e, potencialmente, sem indentarem a bigorna de ensaio. Neste caso, pode ser utilizada uma bigorna de diamante para influenciar de forma consistente o resultado. Outro caso especial no ensaio de chapas metálicas laminadas a frio é o facto de o endurecimento por trabalho poder criar um gradiente de dureza através da amostra, pelo que qualquer ensaio mede a média da dureza sobre a profundidade do efeito de indentação. Neste caso, qualquer resultado do teste Rockwell será objeto de dúvida, pois existe frequentemente um historial de testes utilizando uma determinada escala num determinado material a que os operadores estão habituados e que são capazes de interpretar funcionalmente. A fotografia do componente polido é apresentada na figura 6.5.

**Fig. 6.5: Imagens do provete brunido de aço macio**

## 6.3 Seleção do parâmetro de processo e respectivos intervalos:

A fim de obter uma melhor qualidade da superfície produzida pelo processo de brunimento, é necessário determinar o nível ótimo dos parâmetros. Com base numa revisão crítica da literatura, as variáveis do processo foram agrupadas nas seguintes categorias

**Os parâmetros baseados na maquinagem:** velocidade do fuso, avanço, número de passagens

**Parâmetros baseados na peça de** trabalho**:** material da peça de trabalho, geometria, rugosidade inicial da superfície e dureza da superfície.

Todos os parâmetros acima referidos são susceptíveis de afetar a remoção de material, a qualidade da superfície e a dureza produzidas pelo processo de brunimento.

A gama do processo para a experiência foi decidida com base na literatura, nos recursos disponíveis e nas experiências efectuadas através da "abordagem de variação de um parâmetro de cada vez", conforme ilustrado no quadro 6.1.

**Tabela 6.1: Parâmetro do processo e características da resposta**

| S.NO | Process parameter | Range | Unit |
|---|---|---|---|
| 1 | Spindle speed | 325-550 | RPM |
| 2 | Feed rate | 0.1-.04 | mm/rev |
| 3 | Passes | 1-3 | No |
| 4 | Surface roughness | 0.2-2.0 | mm |
| 5 | Surface micro hardness | 60-80 | HRB |

### 6.4 Características da resposta:

O efeito do parâmetro de processo selecionado foi estudado nas seguintes características de resposta dos processos de brunimento com esferas, com rolos e combinado.

1 . Rugosidade da superfície

2 . Microdureza da superfície

### 6 .4.1 Rugosidade da superfície:

A rugosidade da superfície foi medida em vários locais aleatórios da superfície cilíndrica externa. O valor médio de Ra foi calculado.

### 7 .4.2 Microdureza da superfície:

Para estudar o efeito da alteração da dureza da superfície devido aos processos, decidiu-se medir a dureza da superfície na escala B de dureza Rockwell, que dá uma melhor estimativa da microdureza da superfície.

## 8 Esquema de experiências:

### Fase-1:

Nesta fase, foram concebidas e realizadas experiências para estudar o efeito do rolo de esferas e do efeito combinado de polimento em amostras de aço macio. As características de resposta foram o acabamento da superfície e a microdureza da superfície. Os parâmetros do processo estão indicados na tabela 6.2.

**Tabela 6.2: Parâmetros do processo e respetivos intervalos para o processo de polimento**

| S.No. | Process parameter | Range | Unit |
|---|---|---|---|
| 1. | Spindle speed | 325-550 | RPM |
| 2. | Feed rate | 0.1-0.4 | mm/rev. |
| 3. | Passes | 1-3 | - |

**Fase 2:**

Nesta fase, foram concebidas e realizadas experiências para estudar o efeito de uma única ferramenta de polimento combinada em amostras de aço macio. As características de resposta foram o acabamento da superfície e a microdureza da superfície. Nesta fase, foi adoptada a metodologia de conceção paramétrica de Taguchi. As experiências foram conduzidas utilizando Taguchi L9 OA em amostras de aço macio, os parâmetros são indicados na tabela 6.3.

**Tabela 6.3: Parâmetros do processo e respetivos intervalos para o processo de polimento**

| S.NO | Process parameter | Range | Unit |
|---|---|---|---|
| 1. | Spindle speed | 325-550 | RPM |
| 2. | Feed rate | 0.1-.04 | mm/rev. |
| 3. | Passes | 1-3 | - |

### 6.4.1 Experimentação utilizando L9 para o efeito de polimento combinado em amostras de aço macio:

Estes são ilustrados na tabela 6.4 e 6.5.

**Tabela 6.4: Parâmetro do processo e respectiva gama para o efeito de polimento combinado em amostras de aço macio**

| **Symbol** | **Process parameters** | **Unit** | **Level 1** | **Level 2** | **Level 3** |
|---|---|---|---|---|---|
| A | Spindle speed | RPM | 325 | 420 | 550 |
| B | Feed rate | mm/rev | 0.1 | 0.2 | 0.4 |
| C | Passes | ----- | 1 | 2 | 3 |

**Tabela 6.5: OA de Taguchi (L9) utilizado para o processo de polimento combinado**

| EX NO. | Parameter trail condition | | | S/N ratio (dB) |
|---|---|---|---|---|
| | A | B | C | |
| | 1 | 2 | 3 | |
| 1 | 1 (325) | 1 (0.1) | 1 (1) | S/N (1) |
| 2 | 1 (325) | 2 (0.2) | 2 (2) | S/N (2) |
| 3 | 1 (325) | 3 (0.4) | 3 (3) | S/N (3) |
| 4 | 2 (420) | 1 (0.1) | 2 (2) | S/N (4) |
| 5 | 2 (420) | 2 (0.2) | 3 (3) | S/N (5) |
| 6 | 2 (420) | 3 (0.4) | 1 (1) | S/N (6) |
| 7 | 3 (550) | 1 (0.1) | 3 (3) | S/N (7) |
| 8 | 3 (550) | 2 (0.2) | 1 (1) | S/N (8) |
| 9 | 3 (550) | 3 (0.4) | 2 (2) | S/N (9) |
| Where A = Spindle speed (RPM), B= Feed rate (mm/rev) and C = Passes | | | | |

# CAPÍTULO 7
# ANÁLISE E DISCUSSÃO DOS RESULTADOS

Este capítulo contém a análise e a discussão dos resultados das experiências apresentadas no capítulo anterior.

## 7.1 Experiências-piloto:

**7.1.1 Efeito da variação das RPM na rugosidade da superfície:** Foram efectuadas experiências com bolas, rolos e ferramentas de polimento combinadas para analisar o efeito da variação das RPM na rugosidade da superfície. A tabela 7.1 e a fig. 7.1 ilustram o efeito médio da variação das rotações do fuso na rugosidade da superfície.

**Tabela 7.1 : Efeito da variação das rotações do fuso na rugosidade da superfície**

| RPM | **325** | **420** | **550** |
|---|---|---|---|
| Surface roughness (μm) (Ball burnishing) | 1.07 | 0.72 | 1.2 |
| Surface roughness (μm) (Roller burnishing) | 0.25 | 0.21 | 0.7 |
| Surface roughness (μm) (Combined burnishing) | 0.5 | 0.9 | 0.56 |

A rugosidade da superfície e a microdureza foram as principais variáveis de resposta e o parâmetro de processo considerado foi a velocidade do fuso. O material considerado foi o aço macio, que é um padrão industrial comummente utilizado.

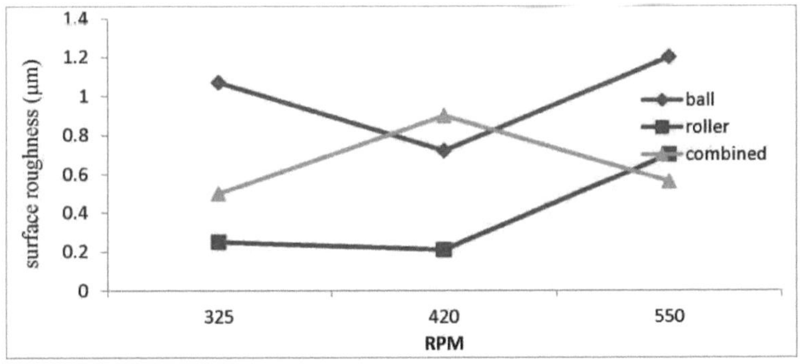


**Fig.7.1 : Efeito da variação das RPM na rugosidade da superfície**

Na análise experimental, verificou-se que todos os parâmetros afectaram significativamente a qualidade e o acabamento da superfície da peça de trabalho. A variação da rugosidade da superfície com as RPM obtidas durante o ensaio é apresentada na tabela 7.1 e na fig. 7.1. O acabamento da superfície aumentou com o aumento das RPM, especialmente no caso do polimento com rolo. Isto deve-se ao facto de a superfície de contacto entre a ferramenta de rolos e a peça de trabalho ser maior do que a da ferramenta de polimento de esferas. Como existe um ponto de contacto entre a peça de trabalho e a ferramenta de esferas, e um contacto de linha entre o rolo e a peça de trabalho, o processo de brunimento com rolo proporciona um melhor acabamento da superfície.

**7.1.2 Efeito da variação da taxa de alimentação na rugosidade da superfície:** A variação da velocidade de avanço também afecta a rugosidade da superfície do espécime de aço macio, como se mostra na tabela 7.2 e na figura 7.2

**Tabela 7.2: Efeito da velocidade de avanço no acabamento da superfície**

| Feed rate (mm/rev.) | 0.1 | 0.2 | 0.4 |
|---|---|---|---|
| Surface roughness (μm) (Ball burnishing) | 0.92 | 0.7 | 1.09 |
| Surface roughness (μm) (Roller burnishing) | 0.3 | 0.25 | 0.65 |
| Surface roughness (μm) (Combined burnishing) | 0.45 | 0.8 | 0.48 |

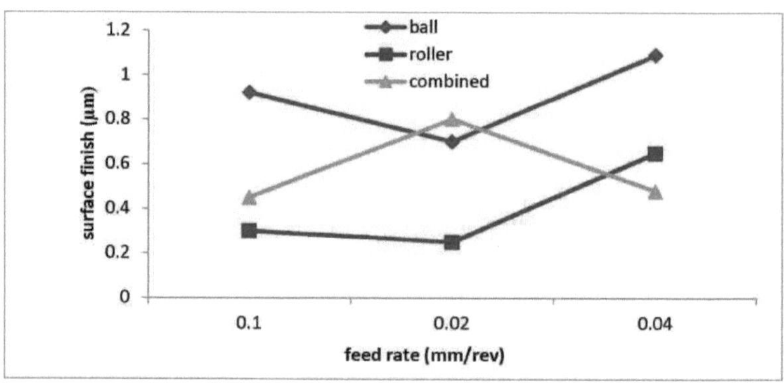


**Fig.7.2: Efeito da velocidade de avanço na rugosidade da superfície**

O acabamento da superfície aumenta com o aumento da taxa de avanço. Obtém-se um melhor acabamento superficial utilizando o polimento com rolos. A razão mais provável é que, antes de ocorrer o endurecimento por trabalho, a superfície estabiliza-se e a ferramenta move-se e comprime a superfície adjacente.

**7.1.3 Efeito da variação das RPM na dureza da superfície:** Nesta fase, foram realizadas experiências com bolas, rolos e ferramentas de polimento combinadas em amostras de aço macio para analisar o efeito da variação das RPM na dureza da superfície (tabela 7.3). Também o aumento da força de polimento aumentará a deformação plástica, uma vez que a penetração da esfera ou do rolo é maior. Isto conduzirá a um aumento da tensão residual compressiva interna, que por sua vez provoca um aumento considerável da dureza da superfície.

**Tabela 7.3: Efeito das rotações do fuso na dureza da superfície**

| RPM | 325 | 420 | 550 |
|---|---|---|---|
| Surface hardness ($HR_B$) Ball burnishing | 73 | 70.5 | 68 |
| Surface hardness ($HR_B$) Roller burnishing | 63 | 61 | 66 |
| Surface hardness ($HR_B$) Combined burnishing | 76 | 72 | 67.5 |

A dureza da superfície diminui com o aumento da velocidade do fuso e do avanço. Aqui, também existe um limite para além do qual não é possível diminuir a dureza devido ao efeito de endurecimento por trabalho. A tabela 7.3 e a figura 7.3 representam a microdureza em função da velocidade do fuso e da taxa de avanço para o aço macio. A microdureza diminui no caso do brunimento combinado com o aumento das RPM, como mostra a figura 7.3. Isto indica que a microdureza do aço macio é mais elevada quando o polimento é efectuado com uma ferramenta combinada a 325 RPM.

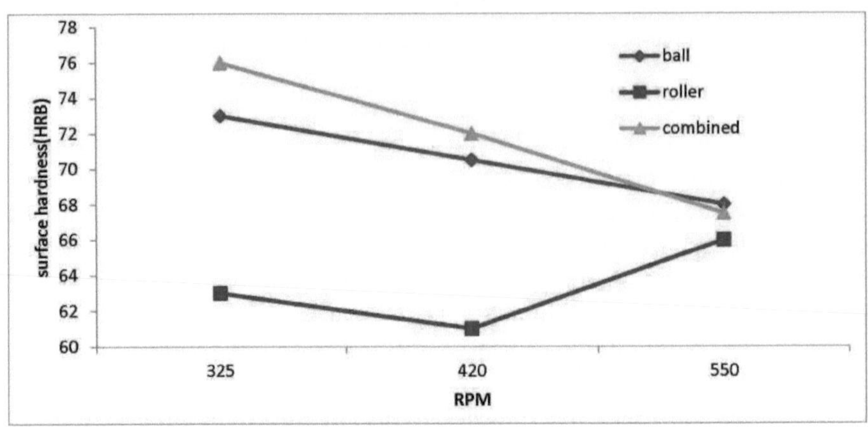


**Fig. 7.3: Efeito das RPM na dureza da superfície.**

**7.1.4 Efeito da velocidade de avanço na dureza da superfície:** A variação da velocidade de avanço também afecta a dureza da superfície, como mostra a tabela 7.4

**Tabela 7.4: Efeito da velocidade de avanço na dureza da superfície**

| Feed rate (mm/rev) | 0.1 | 0.2 | 0.4 |
|---|---|---|---|
| Surface hardness ($HR_B$) (Ball burnishing) | 75 | 71 | 68 |
| Surface hardness ($HR_B$) (Roller burnishing) | 62.5 | 63 | 66 |
| Surface hardness ($HR_B$) (Combined burnishing) | 77 | 71.5 | 69 |

O melhor resultado é obtido com uma taxa de avanço de 0,1 mm/s no caso do polimento combinado e de 0,1 mm/s no caso do polimento com esferas. Verificou-se que as ferramentas de brunimento com rolos apresentavam uma tendência crescente em relação ao aumento da taxa de avanço e o inverso é observado no caso dos espécimes brunidos com esferas (Fig. 7.4).

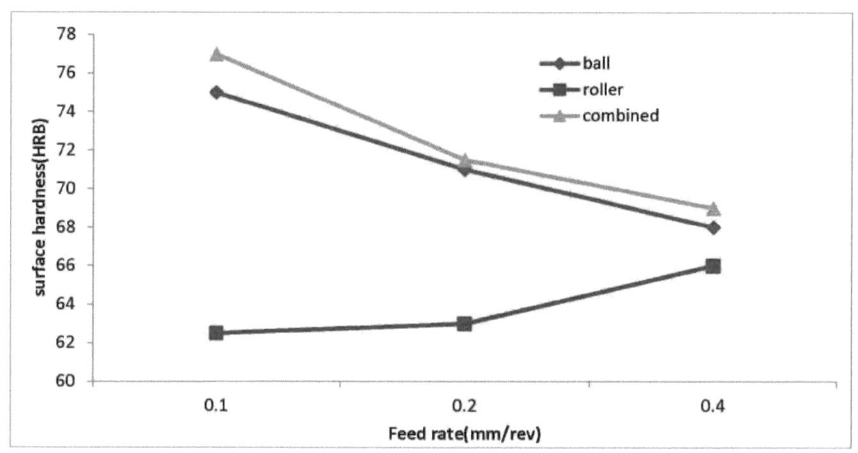


**Fig.7.4: Efeito da velocidade de avanço na dureza da superfície**

## 7.2 Efeito do polimento combinado na rugosidade da superfície:

A tabela 7.5 ilustra a matriz ortogonal juntamente com os valores experimentais obtidos.

**Tabela 7.5: Resultados da matriz ortogonal L9 de Taguchi para a rugosidade da superfície**

| EX NO. | Parameter trail condition | | | Surface Roughness (Ra, μm) (Trial 1,Trial 2,Trial 3, Average) | | | | S/N ratio (dB) |
|---|---|---|---|---|---|---|---|---|
| | A (speed) | B (feed) | C (passes) | | | | | |
| 1 | 1 (325) | 1 (0.1) | 1 (1) | 0.43 | 0.44 | 0.51 | 0.46 | 6.72 |
| 2 | 1 (325) | 2 (0.2) | 2 (2) | 0.83 | 0.86 | 0.86 | 0.85 | 14.104 |
| 3 | 1 (325) | 3 (0.4) | 3 (3) | 1.38 | 1.5 | 1.35 | 1.41 | 29.93 |
| 4 | 2 (420) | 1 (0.1) | 2 (2) | 0.95 | 1.05 | 0.97 | 0.99 | 0.08 |
| 5 | 2 (420) | 2 (0.2) | 3 (3) | 0.86 | 0.89 | 0.93 | 0.89 | 9.75 |
| 6 | 2 (420) | 3 (0.4) | 1 (1) | 0.87 | 0.95 | 0.88 | 0.9 | 9.08 |
| 7 | 3 (550) | 1 (0.1) | 3 (3) | 0.25 | 0.37 | 0.22 | 0.28 | 10.83 |
| 8 | 3 (550) | 2 (0.2) | 1 (1) | 0.28 | 0.35 | 0.33 | 0.32 | 9.86 |
| 9 | 3 (550) | 3 (0.4) | 2 (2) | 0.37 | 0.48 | 0.41 | 0.42 | 7.48 |

## 7.3 Análise de Taguchi: Rugosidade da superfície versus velocidade, avanço e passagens:

Para analisar os resultados, foi utilizado o software MINITAB (versão experimental de 2014) e os resultados obtidos são interpretados da seguinte forma e fig.7.5).

**Taguchi Design**

```
Taguchi Orthogonal Array Design

L9(3^3)

Factors:  3
Runs:     9


Columns of L9(3^4) Array

1 2 3
```

**Taguchi Analysis: surface roughness versus speed(rpm), feed(mm/rev.), passes**

Response Table for Signal to Noise Ratios
Smaller is better

| Level | speed(rpm) | feed(mm/rev.) | passes |
|---|---|---|---|
| 1 | 1.7240 | 5.9630 | 5.8523 |
| 2 | 0.6715 | 4.1069 | 3.0113 |
| 3 | 9.4963 | 1.8219 | 3.0282 |
| Delta | 8.8247 | 4.1411 | 2.8410 |
| Rank | 1 | 2 | 3 |

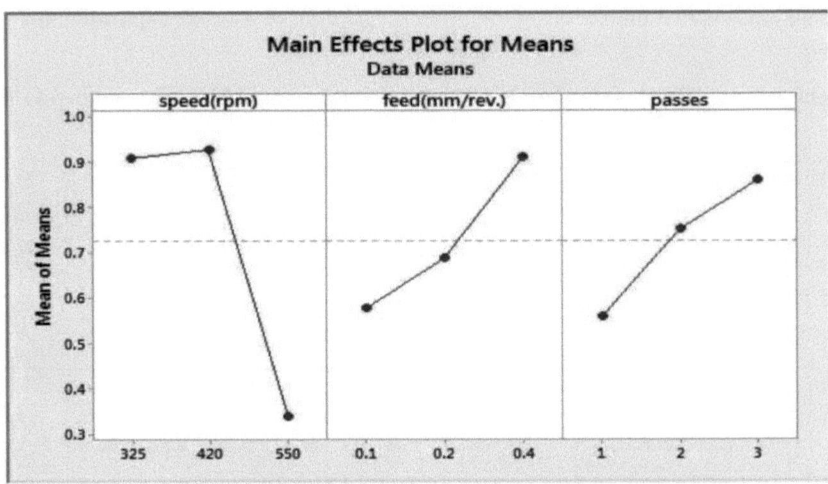


**Fig.7.5: Efeito principal na rugosidade da superfície**

As medições da rugosidade da superfície são consideradas do tipo "quanto mais baixo, melhor", ou seja, um valor mais baixo de rugosidade da superfície é desejado para uma superfície lisa e de melhor qualidade. No caso do espécime de aço macio, pode ver-se que a uma velocidade mais elevada (fig. 7.5) o valor da rugosidade da superfície é mais baixo. A uma velocidade intermédia, torna-se ligeiramente mais elevado; uma possível razão para este facto pode ser que, uma vez cortados os picos mais elevados, um grupo de picos mais pequenos adjacentes uns aos outros pode gerar um perfil pouco rugoso, até que todos eles sejam ainda mais reduzidos a uma velocidade mais elevada.

À medida que a taxa de avanço aumenta, a rugosidade da superfície aumenta. A razão para isso é que, devido à fricção rápida, o valor Ra aumenta ligeiramente.

À medida que o número de passagens aumenta, verifica-se que a rugosidade da superfície aumenta, o que pode ser explicado pelo facto de, com uma pressão constante aplicada, a rugosidade da superfície aumentar e, se não for aplicada qualquer pressão, pode permanecer igual ou reduzida.

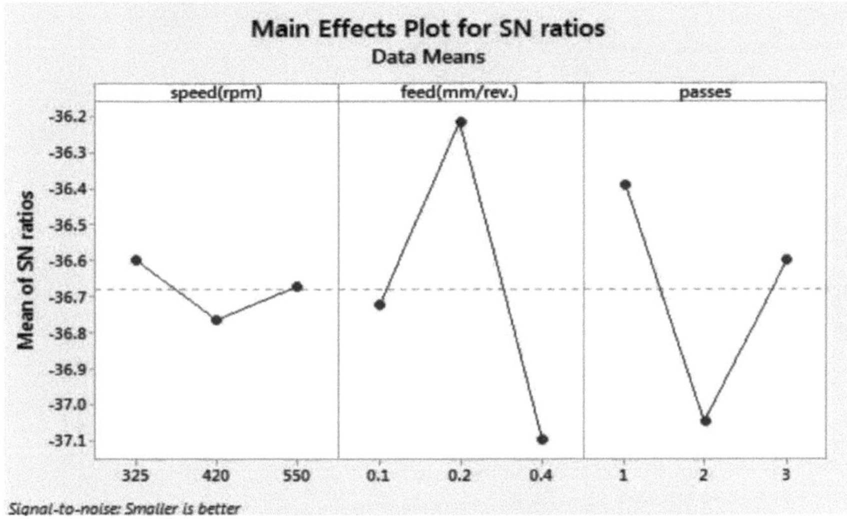


**Fig.7.6: Gráfico do efeito principal para o rácio SN**

## 7.4 Ecrã do MINITAB

O ecrã do software MINITAB aparece como ilustrado abaixo.

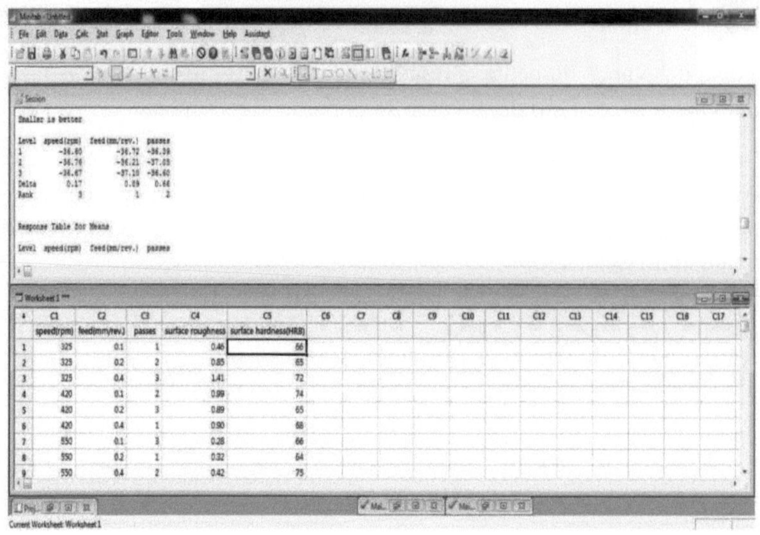


O modelo geral para a rugosidade da superfície em função da velocidade (RPM), do avanço (mm/rev) e dos passes é apresentado de seguida:

```
Factor coding  (-1, 0, +1)

Factor Information

Factor          Type   Levels  Values
speed(rpm)      Fixed       3  325, 420, 550
feed(mm/rev.)   Fixed       3  0.1, 0.2, 0.4
passes          Fixed       3  1, 2, 3


Analysis of Variance

Source            DF  Adj SS   Adj MS   F-Value  P-Value
  speed(rpm)       2  0.6657  0.33284     4.14    0.194
  feed(mm/rev.)    2  0.1731  0.08654     1.08    0.481
  passes           2  0.1388  0.06938     0.86    0.537
Error              2  0.1607  0.08034
Total              8  1.1382
```

A equação de regressão obtida utilizando o software MINITAB para a rugosidade da superfície é a ilustrada abaixo.

Rugosidade da superfície (X) = 0,7244 + 0,182 (A1) + 0,202 (A2) -0,384 (A3) - 0,148 (B1) - 0,038 (B2) + 0,186 (B3) - 0,164 (C1)+ 0,029 (C2) + 0,136 (C3).

(Onde X é a rugosidade da superfície; A, B e C são a velocidade do fuso, o avanço e os passes nos níveis 1, 2

e 3, respetivamente. Esta equação é válida apenas para as condições experimentais nas definições paramétricas utilizadas
)

**7.5 Resposta da rugosidade da superfície:** É ilustrado mais adiante e através da fig.7.7.

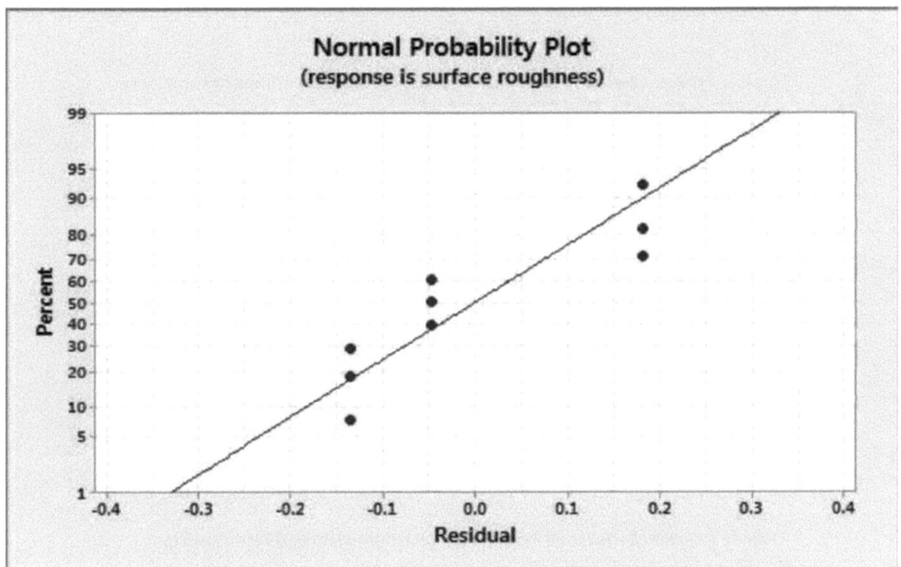


**Fig. 7.7: Gráfico de probabilidade normal**

## 7.6 Análise de Taguchi dureza da superfície versus velocidade, avanço, passagens

A ilustração utilizando o software MINITAB sobre a dureza da superfície em função da velocidade, do avanço e dos passes é apresentada mais adiante.

23-06-2015 08:56:03

Welcome to Minitab, press F1 for help.

**Taguchi Design**

Taguchi Orthogonal Array Design

L9(3^3)

Factors: 3
Runs: 9

Columns of L9(3^4) Array

1 2 3

**Taguchi Analysis: surface roughness versus speed(rpm), feed(mm/rev.), passes**

Response Table for Signal to Noise Ratios
Smaller is better

| Level | speed(rpm) | feed(mm/rev.) | passes |
|---|---|---|---|
| 1 | 1.7240 | 5.9630 | 5.8523 |
| 2 | 0.6715 | 4.1069 | 3.0113 |
| 3 | 9.4963 | 1.8219 | 3.0282 |
| Delta | 8.8247 | 4.1411 | 2.8410 |
| Rank | 1 | 2 | 3 |

Response Table for Means

| Level | speed(rpm) | feed(mm/rev.) | passes |
|---|---|---|---|
| 1 | 0.9067 | 0.5767 | 0.5600 |
| 2 | 0.9267 | 0.6867 | 0.7533 |
| 3 | 0.3400 | 0.9100 | 0.8600 |
| Delta | 0.5867 | 0.3333 | 0.3000 |
| Rank | 1 | 2 | 3 |

**Main Effects Plot for Means**

**Main Effects Plot for SN ratios**

**Taguchi Analysis: surface hardness(HRB) versus speed(rpm), feed(mm/rev.), passes**

Response Table for Signal to Noise Ratios
Smaller is better

| Level | speed(rpm) | feed(mm/rev.) | passes |
|---|---|---|---|
| 1 | -36.60 | -36.72 | -36.39 |
| 2 | -36.76 | -36.21 | -37.05 |
| 3 | -36.67 | -37.10 | -36.60 |
| Delta | 0.17 | 0.89 | 0.66 |
| Rank | 3 | 1 | 2 |

**7.7 Efeito do brunimento combinado na dureza da superfície:** Este facto é ilustrado na tabela 7.6 e nas figuras 7.8-7.10.

**Tabela 7.6: Resultados da matriz ortogonal L9 de Taguchi para a microdureza da superfície**

| EX NO. | Parameter trail condition | | | | | | | S/N ratio (dB) |
|---|---|---|---|---|---|---|---|---|
| | A | B | C | Surface hardness ($HR_B$) | | | | |
| | 1(speed) | 2(feed) | 3(passes) | Trial1 | Trial2 | Trial3 | Mean | |
| 1 | 1 (325) | 1 (0.1) | 1 (1) | 64 | 68 | 65 | 66 | 36.33 |
| 2 | 1 (325) | 2 (0.2) | 2 (2) | 65 | 67 | 63 | 65 | 36.25 |
| 3 | 1 (325) | 3 (0.4) | 3 (3) | 71 | 76 | 69 | 72 | 37.12 |
| 4 | 2 (420) | 1 (0.1) | 2 (2) | 72 | 75 | 75 | 74 | 37.38 |
| 5 | 2 (420) | 2 (0.2) | 3 (3) | 64 | 67 | 64 | 65 | 36.25 |
| 6 | 2 (420) | 3 (0.4) | 1 (1) | 66 | 67 | 71 | 68 | 36.63 |
| 7 | 3 (550) | 1 (0.1) | 3 (3) | 64 | 65 | 69 | 66 | 36.38 |
| 8 | 3 (550) | 2 (0.2) | 1 (1) | 63 | 66 | 63 | 64 | 36.11 |
| 9 | 3 (550) | 3 (0.4) | 2 (2) | 72 | 73 | 80 | 75 | 37.47 |

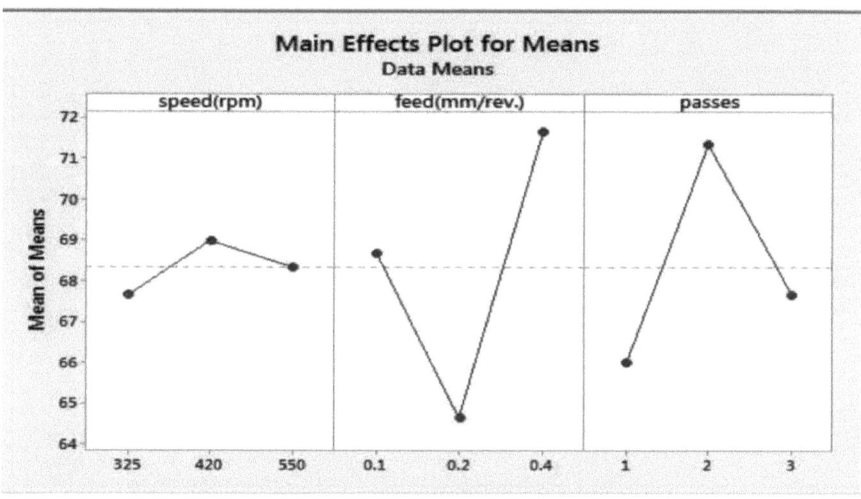


**Fig.7.8: Efeito principal na microdureza**

No caso da microdureza dos espécimes de aço macio, "quanto maior, melhor"; a velocidades mais baixas, a microdureza foi considerada mais baixa. Com o aumento da velocidade, a microdureza aumentou até um certo nível, para além do qual diminuiu ainda mais, uma vez que o material mais macio fluiu plasticamente. A microdureza não aumentou mais, mas diminuiu ligeiramente.

À medida que a velocidade de avanço aumenta, a microdureza começa por diminuir ligeiramente e depois aumenta. Isto deveu-se principalmente ao efeito de endurecimento por trabalho; devido à pressão contínua da esfera e do rolo sobre o trabalho, aumentou a dureza da superfície devido à compressão inter-atómica e à redução das imperfeições.

À medida que o número de passagens aumenta, a microdureza aumenta, mais uma vez devido ao efeito de endurecimento por trabalho e à pressão exercida sobre o trabalho, levando à redução de vazios e imperfeições a nível atómico. A figura 7.9 ilustra o gráfico do efeito principal para a relação SN. A relação sinal-ruído é mais elevada a 425 RPM e ao valor da taxa de avanço = 0,4 mm/rev.

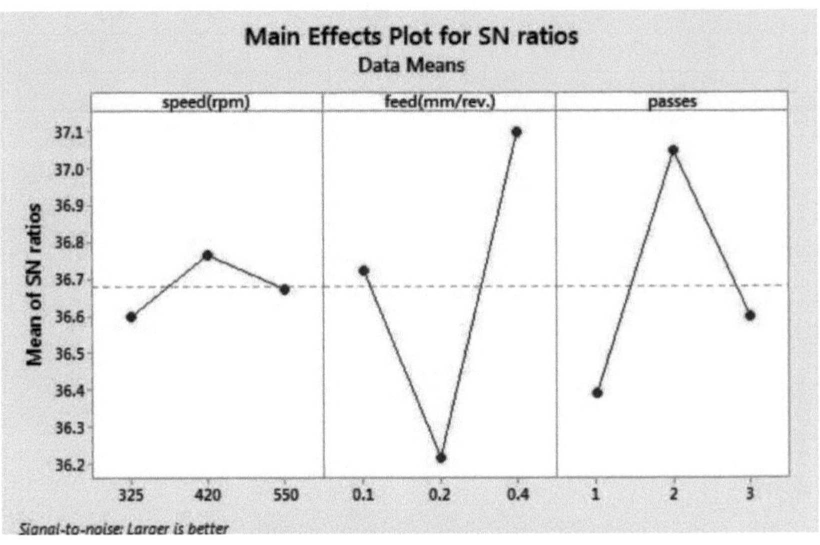


**Fig.7.9: Gráfico do efeito principal para o rácio SN**

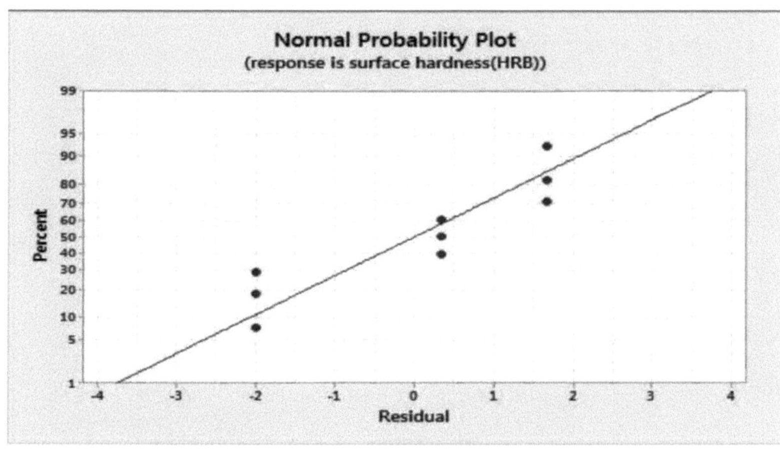


**Fig.7.10: Resposta na dureza da superfície**

O modelo geral para a dureza da superfície em função da velocidade, do avanço e dos passes é ilustrado como se segue.

```
Method

Factor coding  (-1, 0, +1)


Factor Information

Factor          Type   Levels  Values
speed(rpm)      Fixed       3  325, 420, 550
feed(mm/rev.)   Fixed       3  0.1, 0.2, 0.4
passes          Fixed       3  1, 2, 3


Analysis of Variance

Source            DF   Adj SS   Adj MS  F-Value  P-Value
  speed(rpm)       2    2.667    1.333     0.13    0.886
  feed(mm/rev.)    2   74.000   37.000     3.58    0.218
  passes           2   44.667   22.333     2.16    0.316
Error              2   20.667   10.333
Total              8  142.000
```

```
Model Summary

      S    R-sq  R-sq(adj)  R-sq(pred)
3.21455  85.45%     41.78%       0.00%

Coefficients

Term              Coef  SE Coef  T-Value  P-Value   VIF
Constant         68.33     1.07    63.77    0.000
speed(rpm)
  325            -0.67     1.52    -0.44    0.703  1.33
  420             0.67     1.52     0.44    0.703  1.33
feed(mm/rev.)
  0.1             0.33     1.52     0.22    0.846  1.33
  0.2            -3.67     1.52    -2.42    0.137  1.33
passes
  1              -2.33     1.52    -1.54    0.263  1.33
  2               3.00     1.52     1.98    0.186  1.33
```

A equação de regressão obtida para a dureza da superfície (HRB) foi a seguinte

Y = 68,33-0,67*(A1)+0,67(A2)+0,33(B1)-3,67(B2)+3,33(B3)-2,33(C1)+3(C2)-0,67(C3).

(Em que Y é o valor da dureza superficial para os valores específicos da velocidade do fuso (A), da velocidade de avanço (B) e dos Passes (C) nos respectivos níveis 1, 2 e 3. Esta equação é válida apenas para as condições experimentais nas definições paramétricas utilizadas)

Através da análise de variância, verificou-se que o efeito da velocidade do fuso na dureza da superfície foi máximo (mais significativo) em comparação com a taxa de avanço e os passes. A partir da equação de regressão acima referida, a dureza da superfície pode ser calculada.

# CAPÍTULO 8

## CONCLUSÃO E ÂMBITO FUTURO

Este capítulo apresenta as conclusões e o âmbito futuro do trabalho apresentado.

### 8.1 Conclusões:

Através das experiências realizadas em amostras de aço macio, foi possível tirar as seguintes conclusões gerais

1. O estudo com a ferramenta combinada revelou-se inovador e deu melhores resultados em comparação com a ferramenta individual.
2. A ferramenta de polimento fabricada internamente (ferramenta combinada de polimento com esferas e rolos) é simples, mais barata e requer um consumo mínimo de tempo e um custo mínimo em comparação com o preço de mercado da ferramenta. O custo aproximado de fabrico desta ferramenta foi de Rs. 500/- em comparação com o preço de mercado de Rs. 9000/
3. O processo foi útil para melhorar a qualidade da superfície polida através da seleção de parâmetros de entrada adequados.
4. Através das experiências realizadas em amostras de aço macio, é possível obter um melhor acabamento da superfície no caso do polimento com rolos com uma velocidade de fuso de 420 RPM, conforme ilustrado abaixo.
5.

| Parameters | Ball Burnishing | Roller Burnishing | Combined Burnishing |
|---|---|---|---|
| Spindle speed (RPM) | 325 | 420 | 550 |
| Surface roughness (mm) | 0.25 | 0.21 | 0.56 |

6. A taxa de alimentação também contribui para o efeito na rugosidade da superfície, sendo possível obter um melhor acabamento da superfície no caso de polimento com rolos a 420 RPM.
7. A microdureza da superfície aumenta à velocidade do fuso de 325 RPM, especialmente no caso da nova ferramenta de brunimento fabricada. O valor da microdureza a este nível é de 76 HRB
8. O brunimento é um processo bom e económico para melhorar a microdureza da

superfície dos metais quando brunido com uma ferramenta combinada em comparação com uma ferramenta de esferas ou de rolos

9. Pela análise da variância, a velocidade é a principal variável de resposta que afecta significativamente a rugosidade e a microdureza da superfície.
10. A equação de regressão obtida através do MINITAB17 para a dureza da superfície foi
    Dureza da superfície (HRB) = 68,33-0,67 velocidade+3,33 avanço+3,0 passagens.

## 8.2 Âmbito futuro:

1. No presente trabalho de investigação apenas foram estudados três parâmetros, nomeadamente a velocidade, o avanço e o número de passagens, podendo também ser estudada a força de polimento.
2. A integridade da superfície pode ser estudada em profundidade, no que respeita às tensões residuais e aos seus valores em diferentes processos de brunimento.
3. A análise e a modelação por elementos finitos podem ser efectuadas para um problema semelhante e podem ser geradas equações para prever o acabamento da superfície e a microdureza.
4. A vida à fadiga do aço macio e de outros materiais também pode ser estudada utilizando o processo de polimento.
5. O sistema de monitorização em linha do acabamento da superfície e da microdureza pode ser utilizado para obter melhores resultados e feedback.

# REFERÊNCIAS

[1] A.M. Hassan, A.S. Al-Bharat, Influence of in some properties of nonferrous metals by the application of ball burnishing process, *Journal of Materials Processing Technology* 59/3 (1969) 250-256.

[2] A.M. Hassan, The effects of ball and roller burnishing on the surface roughness and hardness of some non-ferrous metals, *Journal of Materials Processing Technology* 72 (1997) 385-391.

[3] Anoop N. Samant, Sameer Paital, Narendrab, Dahotre. Otimização de processos na estruturação de superfícies a laser de alumina, *Journal of Materials Processing Technology* 203 (2008), 498-504.

[4] Adel Mahmood Hassan e Ayman Mohammad Maqableh, The effects of initial burnishing parameters on nonferrouscomponents, *Journal of Materials Processing Technology,* 102 (2000) 115-121.

[5] Black A.J, Oxely P.L.B., Analysis and experimental investigation of a simplified burnishing process, *Int. Journal of Mechanical Sciences and Research* 39 (1997) 629-641.

[6] C.H. Che-Haron, Tool life and surface integrity in turning titanium alloy, *Journal of Materials Processing Technology* 118 (2001) 231-237.

[7] C. S. Jawalkar e R. S. Walia. Estudo do processo de polimento de rolos em espécimes En- 8 usando o design de experimentos. *Journal of Mechanical Engineering Research* 1 (2009).

[8] D. Watson, M. Murphy, The effect of machining on surface integrity, Manufacturing Engineering (1979) 199-204.

[9] Deepak Mahajan e Ravindra Tajanc, A review on ball burnishing process, *Journal of scientific and research publications,* 3 (4) ( 2013), 1-2 .

[10]D. Chakradhar, A. VenuGopal. Otimização Paramétrica na Maquinação Eletroquímica do Aço EN-31 Baseada na Abordagem da Relação Cinzenta. Applied Mechanics and Materials, 164 (2011) 110-116.

[11]El-Khabeery M.M., El-Axir M..H, Técnicas experimentais para o estudo dos efeitos dos parâmetros de brunimento dos rolos de fresagem na integridade da superfície,

*International Journal of Machine Tools & Manufacture* 42 (2001) 17051719.

[12]Fang-Jung Shiou, Chin-Cheng Hsu, Surface finish of hard and tempered Stainless steel using sequential ball grinding, ball burnishing and ball polishing process on machining centers, *Journal of materials processing Technology* 205

(2008) 249-258.

[13]F.J. Shiou, CH Chang, Ultra precision surface finish of NAK80 mould tool steel using sequential ball burnishing and ball polishing, *Journal of Materials Processing Technology*, 201 (2008) 554-559.

[14] Hongyun Luo, Jiangying Liu, Lijiyang Wang, Qunpeng Zhong, Investigação do processo de brunimento com ferramenta PCD em metais não ferrosos, *Int. Journal of Adv. Manufacturing Technology* 25 (2005), 454-459

[15]Hassan, A.M., (1997), The effects of ball and roller burnishing on the surface roughness and hardness of some nonferrous metals, *Journal of Materials Processing Technology*, 72 (1997) 385-391.

[16]Hassan A.M, Maqablesh AM, The effects of initial burnishing parameters on non-ferrous components, *Journal of Materials Processing Technology* 102(2000) 115-121.

[17]Hassan A.M., An investigation into the surface characteristics of burnished cast Al-Cu alloys, *Int. Journal of Machine Tools and Manufacturing 37( 1997) 813-821.*

[18]Hassan, A. M., The effects of ball and roller burnishing on the surface roughness and hardness of some nonferrous metals, *Journal of Materials Processing Technology, 1997, 72*, 385-391.

[19]Jawalkar. C.S e Walia R.S, Experimental Investigations into Microhardness in Roller Burnishing processes on EN-8 and Aluminum specimens, using design of experiments. *Proc. da 2ª Conf. Internacional e 23ª Conf. AIMTDR* 2008, IIT Chennai, 733-739.

[20]J.F. Kahles, M. Field, D. Eylon, F.H. Froes, *Journal Metallurgy* 37/4 (1985) 27-35.

[21]Lin. Y.C., Wang S.W., Lai H.Y., A relação entre a rugosidade da superfície e o fator de polimento no processo de polimento, *Int. Journal of Advance Manufacturing Technology, 23 (2004) 666-671.*

[22]Loh, N. H., Tam, S. C. and Miyazawa.S, Investigations on the surface roughness produced by Ball burnishing, *International Journal of Machine Tools Manufacturing*, 31 (1991) 75-81.

[23]Loh, N. H., Tam, S. C. and Miyazawa, S., Application of experimental design in ball burnishing, *International Journal of Machine Tools Manufacturing*, 33 (1993) 841-852.

[24]Loh, N. H., Tam, S. C. and Miyazawa, S., Investigations on the surface roughness produced by Ball burnishing, *International Journal of Machine*

*Tools Manufacturing,* 31 (1991) 75-81.

[25]Lin Y.C., Yan B.H., Huang F.Y., Surface improvement using a combination of electrical discharge machining with ball burnish machining based on the Taguchi method, *Int. Journal of Advance Manufacturing Tech. 18 (2001) 673-682* .

[26]MieczyslawKorzynskia,*, Andrzej Pacanab, Centreless burnishing and influence of its parameters on machining effects, *Journal of Materials Processing Technology, 31* (2010) 1217-23.

[27]MalleswaraRao J. N. , Chenna Kesava Reddy A. & Rama Rao P. V.,The effect of roller burnishing on surface hardness and surface roughness on mild steel specimens, *International Journal Of Applied Engineering Research*, Dindigul 1, (2011) 4-7.

[28]Murthy R.L., and Kotiveerachary B, Burnishing of Metallic Surfaces - a review, *Precision Engineering Journal* 3 (1981) 172-179.

[29]N. S. M. El-Tayeb, K. O. Low, P. V.Brevern, Sobre a superfície e as características tribológicas do Al-6061 cilíndrico polido*, 2009, Tribology International 42*, 320-326.

[30]M. H. El-Axir, An investigation into roller burnishing, *International Journal of Machine Tool and Manufacture,* 40(2000) 1603-1617.

[31]Morimoto T. and Tamamura K., Burnishing process using a rotating bal- toll-effect of tool material on the burnishing process, Wear, 147(1991) 185193.

[32]Murthy R. L., and Kotiveerachary B, "Burnishing of Metallic Surfaces - A Review", Precision Engineering Journal, 3 (1981) 172-179.

[33] Nikunj K Patel, Kiran A Patel, Disha B. Patel. Otimização paramétrica de parâmetros de processo para o processo de polimento de rolos. *Revista Internacional de Pesquisa e Desenvolvimento* 1, (2013).

[34]T. Morimoto, K. Tamamura, Burnishing process using a rotating ball tooleffect of tool material on the burnishing process, Precision Engineering 10 (1991) 185-193

[35]Pavan Kumar e Purohit G K, Projeto e desenvolvimento de uma ferramenta de polimento de esferas, *Revista Internacional de Investigação e Tecnologia em Engenharia,* 2013, 6(2), 733-738.

[36]P RavindraBabu, K Ankamma, T Siva Prasad, AVS Raju, N Eswara Prasad. Otimização dos parâmetros de polimento e determinação de características superficiais seleccionadas em materiais de engenharia Sadhana 37 (2012).

[37]P. S. Kamble, V. S. Jadhav. Estudo experimental do processo de polimento de rolos no suporte da caixa de engrenagens do tipo planetário. Revista Internacional de Pesquisa em Engenharia Moderna 5 (2012).

[38]Rajesham S., Jem Cheong Tak., "A study of the surface characteristics of burnished components", *Journal of Mechanical Working Technology,* 20 (1989) *128-138.*

[39]R. Rajaselkariah, S. Vaidyanathan, Increasing the wear resistance of steel components by ball burnishing, Wear 34 (1975) 183-188.

[40]R.L. Murthy, B. Kotiveerachari, Burnishing of metallic surfaces - a review, Precision Engineering 3 (1981) 172-179.

[41]Yu.G. Sheneider, Characteristics of burnished components, Mechanical Tooling 38/1 (1967) 19-22.

[42]R. Narayan, Corrosion resistance of ball burnished components, Actas da 13ª Conferência Científica da AIMTDR, Jadavpur, 1988, 6-10.

[43]S. Shaji, V. Radhakrishnan, Analysis of Process Parameters in Surface Grinding With Graphite As Lubricant Based On the Taguchi Method, *Journal Of Materials Processing Technology* 41(2003) 51-59.

[44]ShneiderYu.G Characteristics of burnished components, *Mechanical Tooling Journal*, 38, (1967) 19-22.

[45]Siva Prasad, T., Kotiveerachary, B., External Burnishing of Aluminum Components, *Journal of Institution of Engineers (India)*, 69 (1988) 55-58.

[46]Ulas Caydas, Ahmet Hascalık. A Study on Surface Roughness in Abrasive Water Jet Machining Process Using Artificial Neural Networks and Regression Analysis Method. *Journal Of Materials Processing Technology* 202 (2008) 574-582.

[47]Thamizhmnaii, S., Bin Omar, B., Saparudin, S. e Hassan, S., (2008), Surface roughness investigation and hardness by burnishing on titanium alloy, *Journal of Achievements in Materials and Manufacturing Engineering*, 28 (2008) 139-142.

MIX
Papier aus verantwortungsvollen Quellen
Paper from responsible sources
FSC® C105338

Printed by Books on Demand GmbH, Norderstedt / Germany